□ 张志钢　阳正盟　黄 凯　罗 昊　编著

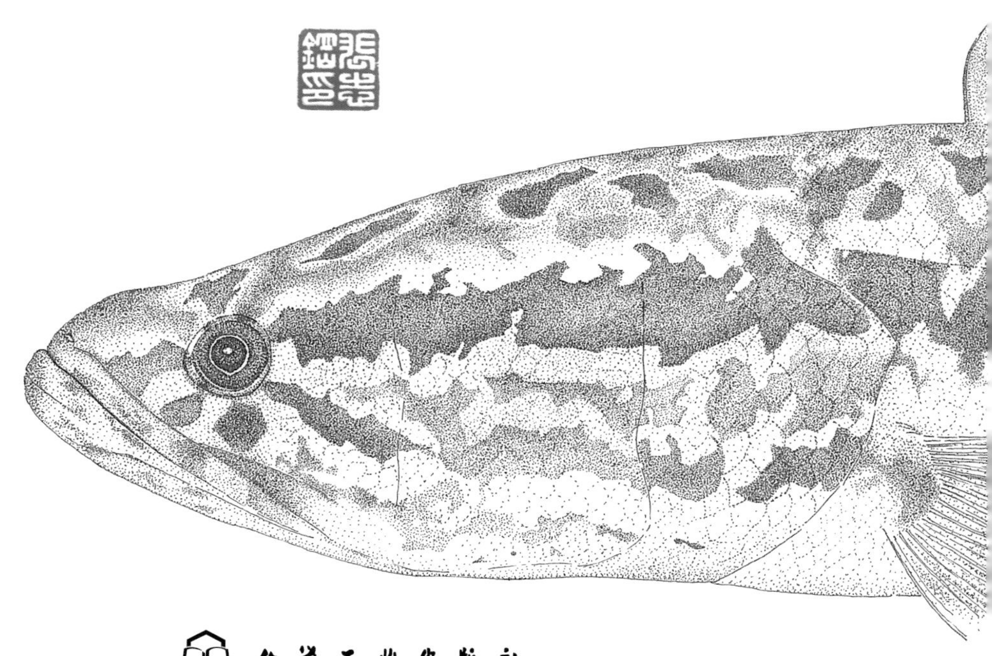

化学工业出版社
·北 京·

《中国原生鱼》（第一辑）遴选我国特色原生鱼种类，具体讲述各鱼种的中文名、拉丁名、分类地位、生物学特征、野外状况、罕见程度以及饲养情况等内容，精细手绘描图、高清原色彩图和客观资料描述相结合的展现方式是本书的突破和创新，在国内同类出版物中属首次尝试，以期望让广大读者在鉴别中国原生鱼鱼种、掌握各鱼种鲜明特征的同时，领略中国原生鱼的独特之美。

**图书在版编目（CIP）数据**

中国原生鱼·第一辑/张志钢等编著. —北京：化学工业出版社，2017.1（2025.3重印）

ISBN 978-7-122-28503-4

Ⅰ.①中… Ⅱ.①张… Ⅲ.①原生动物－鱼类－中国－图集 Ⅳ.①Q959.4-64

中国版本图书馆CIP数据核字（2016）第263181号

责任编辑：刘亚军　张　赛　　文字编辑：赵爱萍
责任校对：吴　静　　装帧设计：史利平

出版发行：化学工业出版社（北京市东城区青年湖南街13号　邮政编码100011）
印　　装：北京宝隆世纪印刷有限公司
787mm×1092mm　1/16　印张13　字数283千字　2025年3月北京第1版第9次印刷

购书咨询：010-64518888　　售后服务：010-64518899
网　　址：http://www.cip.com.cn
凡购买本书，如有缺损质量问题，本社销售中心负责调换。

定　　价：98.00元

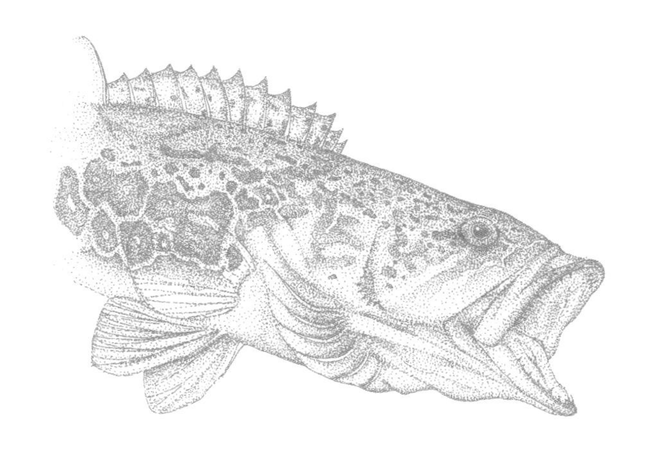

# 序

*PREFACE*

“照日深红暖见鱼，连村绿暗晚藏乌，黄童白叟聚睢盱。”鱼在中国的传统文化中代表富足与安康，国人一直以来与鱼类就有不解之缘。

中国幅员辽阔，江河绵长，湖泊众多，山涧交错，溪流纵横，发达的水系孕育了极富魅力的中国原生鱼类。我国有3000余种本土鱼类，其中淡水鱼类约占1/3。中国丰富的鱼类资源不但给文人墨客提供了灵感源泉，也推动了社会的物质发展与文明进程。

《中国原生鱼》(第一辑)收集了60余种形态各异、极富特色的我国原生鱼类。每个品种均由手工精绘描图、高清拍摄图片、物种科学数据、饲养难度、野外状况和罕见程度等六大部分组成。难能可贵的是，书中的相关数据，采集自中国原生鱼类的爱好者人群，较为真实地反映了书中所描述鱼种在我国的实际状况。

本书为中国原生鱼类的科研和保护工作提供参考的同时，还第一次系统论述中国原生鱼类在人工观赏饲养方面的内容，为未来的中国原生鱼类在保护前提下的合理开发、利用以及推进中国渔业产业发展，提供了第一手的资料。

“随风潜入夜，润物细无声。”《中国原生鱼》(第一辑)的创作团队“两江中国原生”及相关人员，在过去十余年里为中国原生鱼类的保护和发展发挥了积极的作用，值得肯定和鼓励。随着《中国原生鱼》(第一辑)的出版，希望更多的人能了解中国原生鱼的独特魅力，也希望社会各界有更多的团体和人士能参与到中国原生鱼类的保护与合理化开发、利用的进程中来。

中国农业部长江流域渔政监督管理办公室　主任

全国水生野生动物保护分会　会长

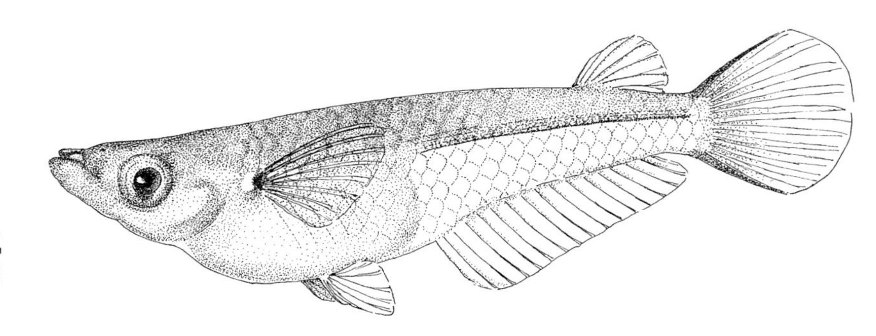

# 编著者的话

AUTHOR'S NOTE

三年前，当决定组织编写《中国原生鱼》（第一辑）时，我内心充满了忐忑，就如十三年前“两江中国原生”诞生之初时一样充满着未知，让人困惑的同时也包含着对未来的无限憧憬和兴奋。创作团队组建时特地成立一个名为“誓做两江精品书”的信息交流群，这其中包含着创作团队全体成员对本书的未来展望以及对中国原生鱼类的热爱和憧憬，值此刊印面世之际，千言万语充塞于胸，却难以尽表。

本书或许不是一本专业书籍，因为它的主创团队成员没有一个来自于专业领域，由于内容范围所限，也不可能成为一本受大众追捧的畅销书籍进而给创作者带来丰厚回报。这本书有的只是创作者对中国原生鱼类最纯粹的情感，对中国自然生态的无限关切。在我眼里，这本书写满了真诚。在三年的创作历程中，我时常被创作团队所感动和激励，他们以最饱满的激情、最严谨的态度处理好每一张图片，写下每一条数据。本书编撰的核心指导思想不再追求单纯的物种数量堆砌，而注重书中每张图片、每条数据的准确性。我们想为后续的出版计划确定编撰成书的基调：科学理论数据与民间客观实际状况的结合，用严谨的态度做真实、准确的描述。

我一直有个构想，就是民间的爱好者能更加科学化，而科学最大限度地去“神秘化”，专业与非专业之间的边界得到最大的渗透融合，使我们能站在科学理性的角度，基于客观的实际反馈，规划出更为合理的中国自然生态及生态物种未来的发展路径，而这才是我眼里最大的“公益”。这也是“两江中国原生”成立之初所立志追求、希冀达成的目标。本书就是一次具体尝试，编写过程中除了得到了“两江中国原生”各相关会员及朋友们一如既往的支持以外，也得到来自传统科研界的大力协助，专业与非专业高度统一，科学与兴趣爱好在书里充分融合。

《中国原生鱼》（第一辑）是《中国原生鱼》系列出版计划中的第一本。在最初规划时，创作团队就希望本书和类似出版物相比较有所创新和突破。最终，我们采用了精细手绘描图、高清原色彩图以及实际数据客观描述作为本书的主体。阳正盟先生完成了全部鱼种的手绘工作；罗昊先生承担绝大部分高清原色彩图的提供；黄凯先生收集编写各鱼种的资料数据。每个人都在其中付出了巨大的艰辛和努力，为了严谨的科学描绘和真实物种体现，阳正盟先生和罗昊先生承担的描绘和拍摄工作进行得极为精细，各类图片稍有偏差，即废掉重新处理，耗费了大量的精力和时间。黄凯先生用极高的知识素养对各鱼种做出准确的描述，并理清和纠正了某些公开数据中存在的错误及混乱，特别是“sp.”品种的相关数据并不存在于目前各数据检索系统，而这次在本书中都依据物种实际情况拟写完毕，具有较高的学术参考价值。

同时，本书是“两江中国原生出版物辅导计划”项目，该计划的目的是为了辅导社会中有志向、有能力把自己的知识和思想传播出来的朋友们，使其体现自身价值的同时，让好的知识和文化得到广泛而有效的传播，这也是两江中国原生十余年的追求，在此我们也期待更多的朋友能参与进来。

匆匆十余年时光如白驹过隙，“两江中国原生”不断发展壮大，也伴着我一路走来，其中有跌宕起伏，有风雨也有阳光。行进中，除了来自各界朋友的帮助和鼓励以外，父母及家人给予了我最无私的关爱和支持，由于对两江中国原生长期持续专注，使我忽视了对家庭应尽的责任和义务，如果没有家人的宽容和帮助，这本书无法问世，两江中国原生也不可能一路走到现在，特借此书一隅表达这十余年来我对父母及家人由衷的歉意和感激之情。也谨代表本人及《中国原生鱼》（第一辑）的创作团队全体成员，衷心地祝愿这本书的读者朋友们，事业和顺如意，家庭幸福安康！

张志钢

2016年10月

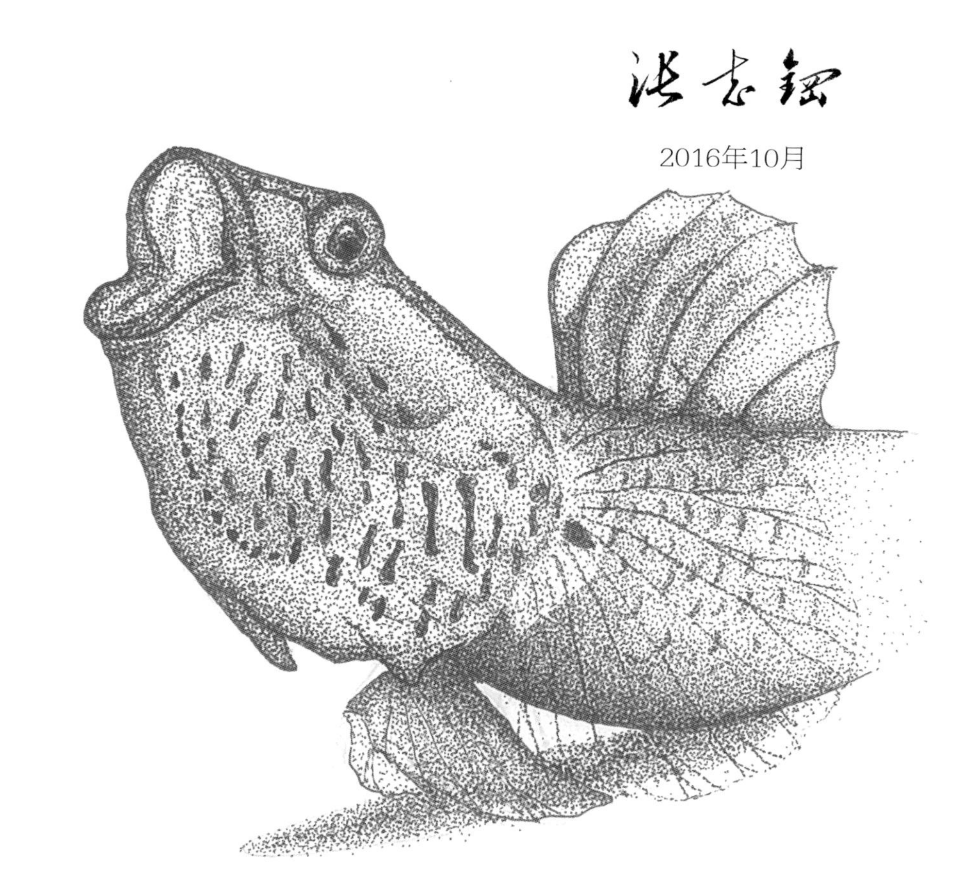

# 前言
*FORWORD*

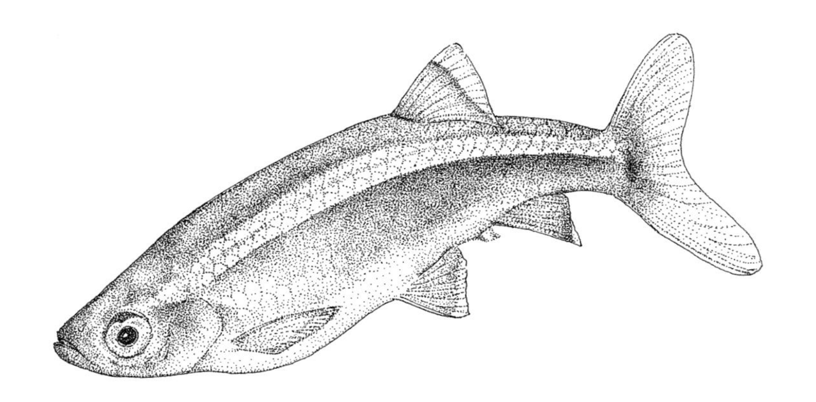

中国原生鱼类是泛指中国本土区域范围以内的土著鱼类物种。中国境内江河、湖泊、水库众多，原生水生生物资源丰富，种类繁多。据《中国脊椎动物大全》和《中国动物志》粗略统计，我国现已经查明的鱼类有3862种，占世界鱼类总数的20.3%，占中国脊椎动物总数的60.8%，分布在中国淡水（包括沿海河口）的鱼类共有1050种，分属18目52科294属，其中淡水鱼967种。

中国水生生物不仅数量多，而且特有程度高，生物区系起源古老，成分复杂，并拥有大量的珍稀特有遗传资源。近年来，我国学者通过mtDNA、微卫星、MHC和高通量测序等对我国的鲷科（Sparidae）、鲤科（Cyprinidae）、鲆科（Bothidae）等鱼类遗传多样性进行了研究，取得了大量的遗传多样性数据。根据《中国生物多样性国情研究报告》的研究成果，中国生物多样性的价值为39.33万亿元。由此可见，中国原生鱼具有丰富的物种多样性特征，在中国和世界淡水鱼类中具有其特别的意义。

我国水生生物遗传多样性也面临缺失严重的问题，同时水生野生动植物物种濒危程度加剧，灭绝速度加快，外来物种入侵危害日益加大。工农业生产的迅猛发展以及生活水平提高后对水产品需求的剧增，水域生态系统处于持续增长的压力之下。据统计，处于濒危状态和受到威胁的鱼类有9目24科80属97种（亚种），数据还在持续增加中。

鱼类资源的生物多样性保护已经刻不容缓。两江中国原生作为我国最早关注中国原生水生物的本土组织，一直致力于中国原生鱼类的保护和发展。我们希望通过本书的出版，为保护中国原生鱼生物多样性尽一份绵薄之力！同时，通过对中国原生鱼的人工驯养繁育，不仅可以保护我国物种生物多样性，而且可以为国内提供新的养殖品种，促进我国水产养殖业的发展，从而推动对中国原生鱼资源保护和合理利用的统一。

本书中所采用的各类数据除参考原有已经公开发表的数据以外，其余均来自于两江中国原生成员十余年的观测和整理，其中有部分鱼类的生物科学特征描述、野外状况评估以及饲养相关等阐述，在此之前不见公开发表。书中也纠正了部分公开在媒体及网络中的明显错误描述。本书采用了手绘描图和摄影图片并存的物种体态展现形式，希望通过对鱼种的科学描绘和真实彩图相结合，互补优缺的同时，增加趣味性和科学性。我们希望本书能给鱼类从业人员及中国原生鱼类爱好者提供参考。

《中国原生鱼》（第一辑）是一次大胆的尝试，力求把个人兴趣爱好和科学知识结合起来，把物种保护和合理利用相统一。由于是“第一辑”，我们没有追求本书中鱼种数量的简单堆砌，而把鱼种描述的准确性视为成书的第一准则，希望能得到更多读者的反馈意见，帮助我们在后续的出版中更加完善。

本书的出版得到了两江中国原生各相关成员的大力支持和帮助，同时得到了筹建中的西南大学原生水生生物研究所即西南大学分校区水产系主任郑宗林博士、副教授朱成科博士、周朝伟博士和杨航、吴燕秋、李培、冯丹等人的无私协助，在此表示由衷的感谢。

我们为能把中国原生鱼的特有魅力展现在世人面前而感到十分欣慰。由于本书涉及内容广泛，限于编著者水平有限，书中难免存在疏忽错漏和不妥之处，诚恳地望各位专家和读者赐正为盼。对此，我们十分感激。

编著者

2016年9月

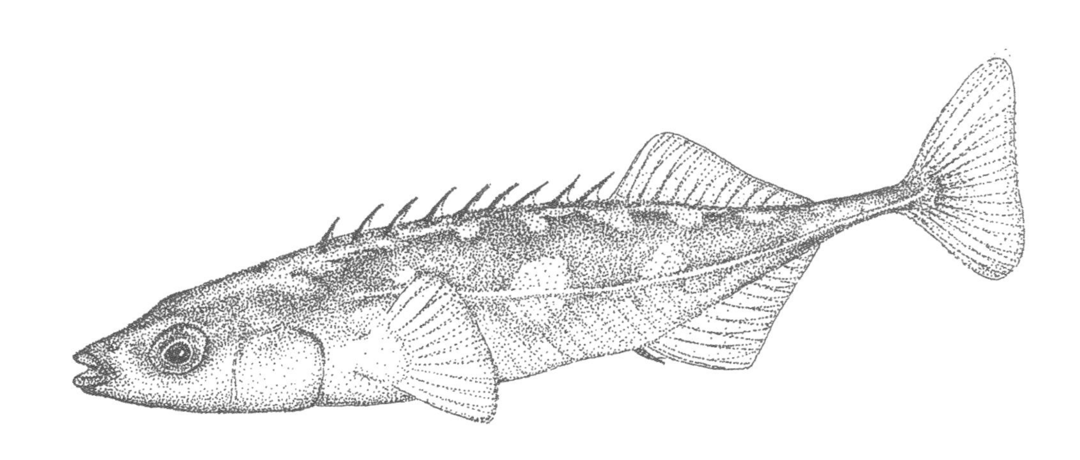

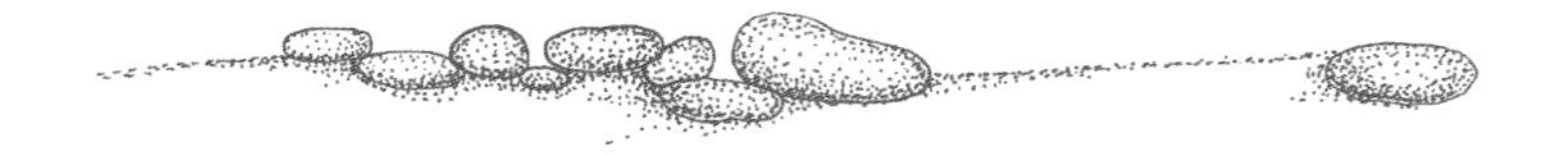

# 目录

CONTENTS



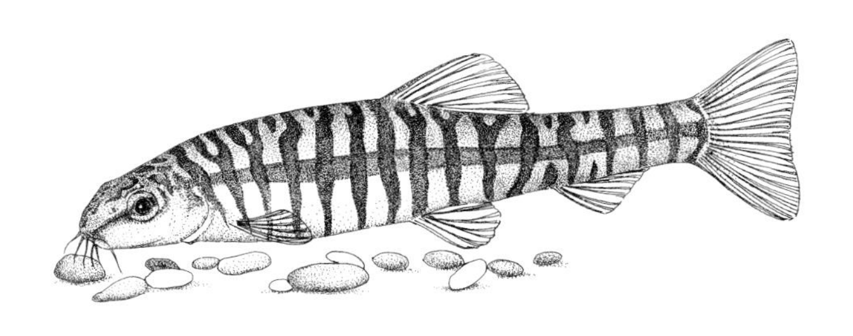

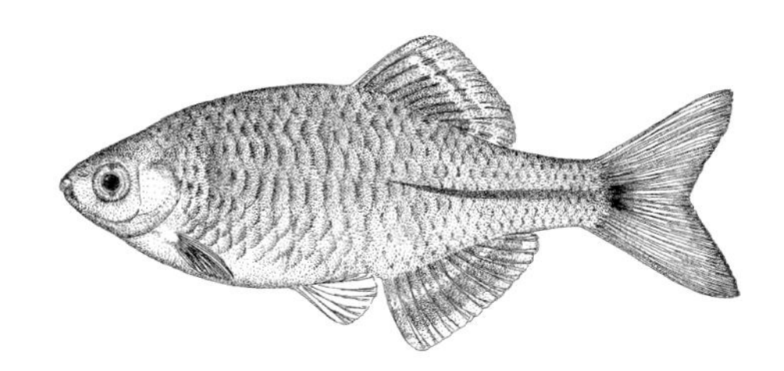

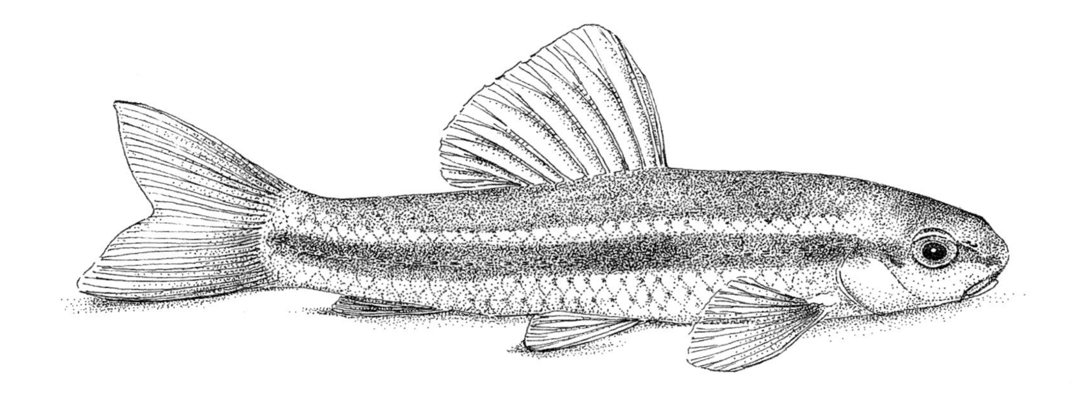



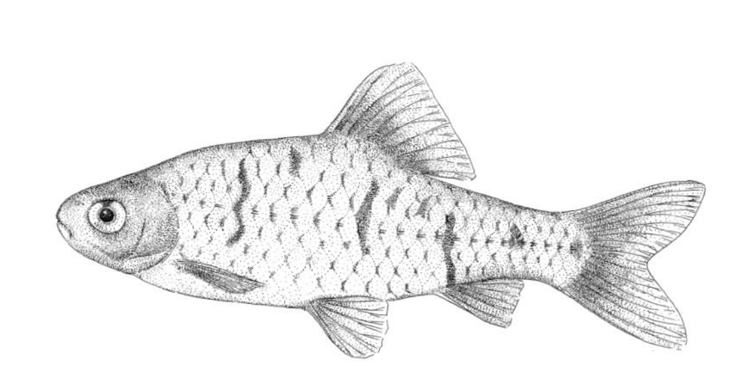

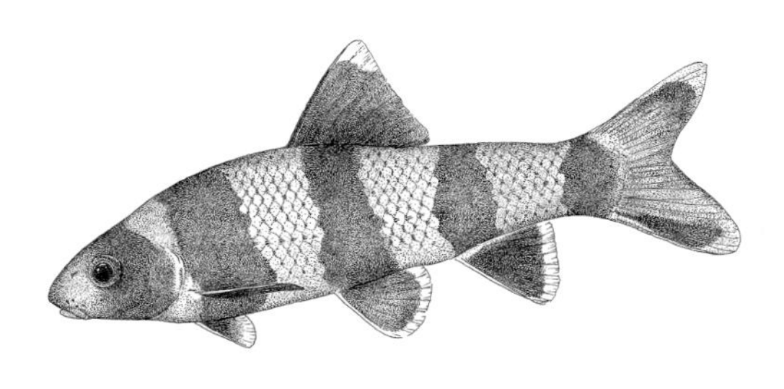

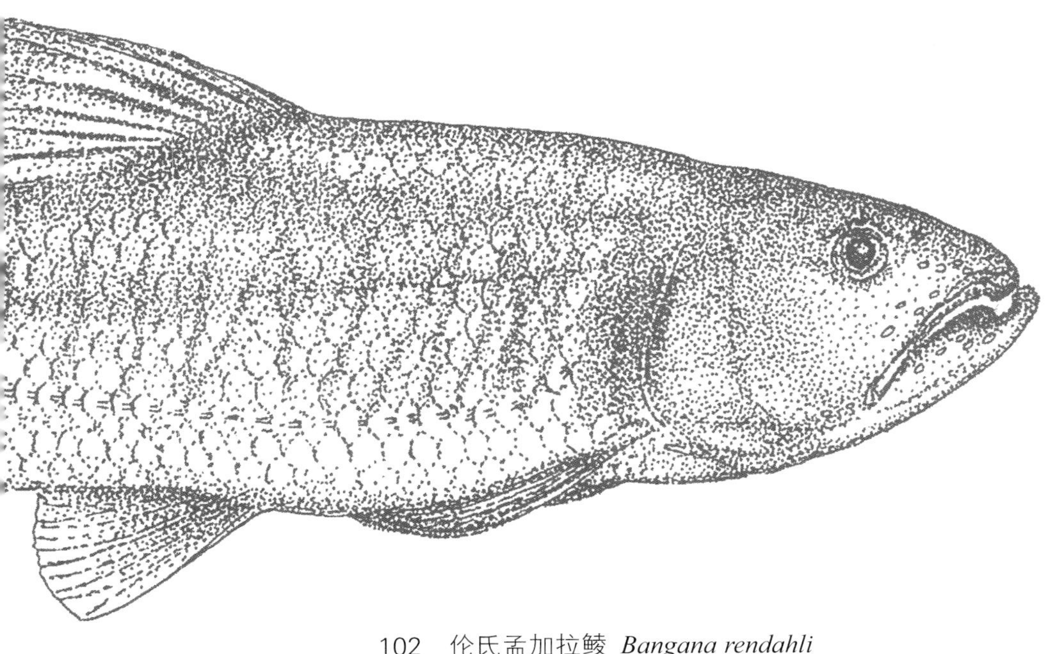

## 第六章 | 鲈形目Perciformes



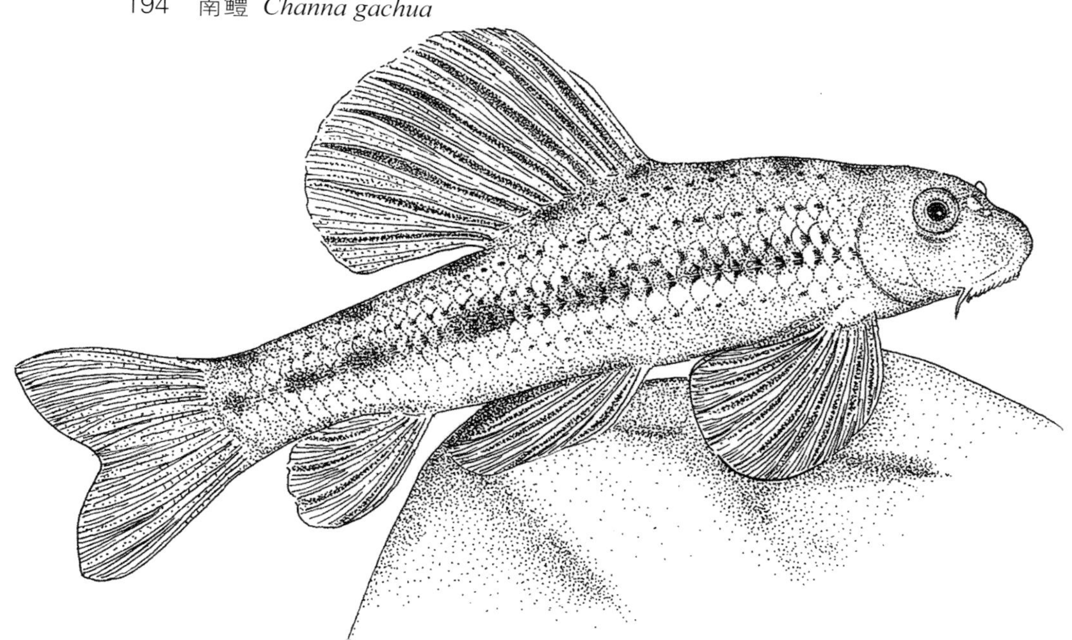

Summary

# 第一章 | 概述

# 一、中国原生鱼的形态特征

## 1. 外部区分

尽管中国原生鱼类外部形态多种多样，分为头部、躯干部和尾部三个主要部分，常以鳃盖骨的后缘作为头部和躯干部的分界线，以肛门或泄殖孔作为躯干和尾部的分界线。

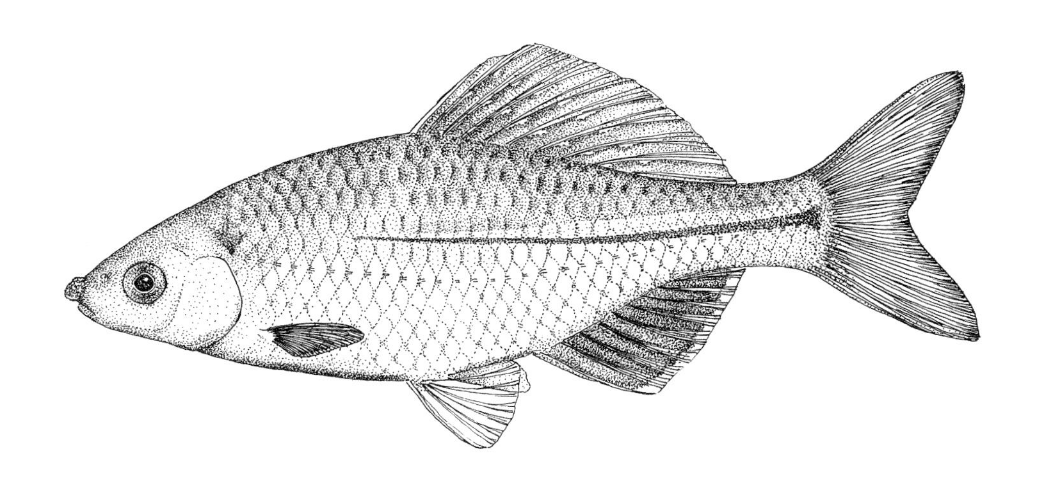

鱼体外形各部分的测量方法如下所述。

全长：从吻端至尾鳍末端的距离；

体长：从吻端至尾鳍基部的距离；

体高：身体的最大高度；

吻长：从吻端至眼眶前缘的距离；

头长：从吻端至鳃盖骨后缘的距离；

眼后头长：眼眶后缘至鳃盖骨后缘的直线长度；

眼径：从眼眶前缘到后缘的距离；

眼间距：两眼眶背缘的最小距离；

躯干长：头后到肛门或泄殖孔的直线长度；

尾长：肛门或泄殖孔到尾鳍末端的直线长度；

尾柄长：从臀鳍基部后端至尾鳍基部垂直线的距离；

尾柄高：尾柄部分的最低高度；

背鳍长：背鳍起点至背鳍末端最长鳍条的直线长度；

胸鳍长：胸鳍起点至胸鳍末端最长鳍条的直线长度；

腹鳍长：腹鳍起点至腹鳍末端最长鳍条的直线长度；

臀鳍长：臀鳍起点至臀鳍末端最长鳍条的直线长度；

尾鳍长：尾鳍起点至尾鳍末端最长鳍条的直线长度。

## 2. 头部器官

中国原生鱼的头部主要有口、鼻、眼、鳃、须等感觉、摄食和呼吸器官。

口是鱼类捕食的最基本工具，它的形状和位置决定着鱼类所捕食的食物性质和取食方式。①端位口：上下颌等长，口裂位于头部的正前方。多数鱼类的口位属于这一类。②上位口：下颌长于上颌。如淡水里的翘嘴鲌等，生活在水的上层，以其他鱼类为食。③下位口：上颌长于下颌。下位口的另外一种情况是口完全位于头部腹面，称之为腹位口，如鲟鱼等。

鼻是鱼类的嗅觉器官。鼻孔的形状、位置和数目因鱼的种类而有不同。通常位于眼的前方，左、右各一个；鼻有嗅觉作用，一般不与口腔相通，因而与呼吸无关。

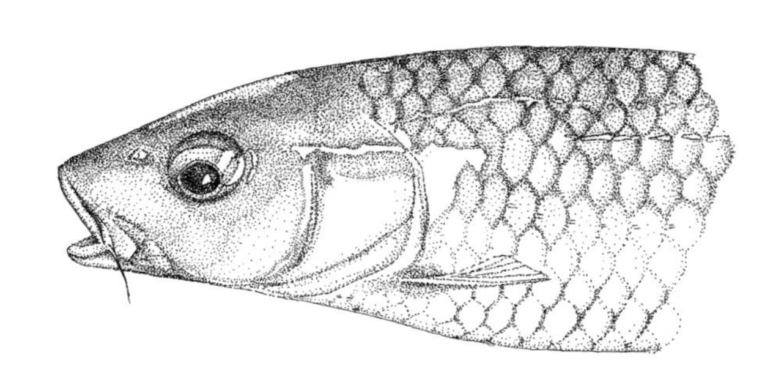

眼是鱼类头部的主要器官之一，鱼类眼睛的构造比高等脊椎动物要简单得多，既无泪腺，也无真正的眼睑，因此鱼的眼完全裸露。相对于鱼体来讲，鱼的眼睑通常较大，底栖生活和长期生活在浑浊水体中的鱼类，视觉功能不大，眼睑通常较小。一些洞穴鱼类，眼睛一般都退化，如金线鲃。

头部下方与躯干部间有鳃孔，外覆盖骨质鳃盖，内有4对红的鳃；鳃盖可以张合，起到保护鳃的作用。须是鱼类的触觉器官，须上还分布有味蕾，具有辅助觅食功能，通常成对出现。

## 3．体形

中国原生鱼类的身体与其他动物一样，一般为左右对称，并且是三维的，具有3个体轴（body axis）：头尾轴（主轴）、背腹轴（纵轴）和左右轴（横轴）。

中国原生鱼类的体形是多种多样的，主要包括四种类型。① 纺锤形：身体较匀称，头尾尖细，中间肥大，适宜在水中快速或持久的移动。② 侧扁形：头尾轴较短，背腹轴较长，左右轴最小，具有这种体形的鱼类运动不甚敏捷，通常不做长距离洄游。③ 平扁形：背腹轴特别缩短，左右轴特别向两侧水平扩大，大多生活在水底，运动比较迟缓。④ 圆筒形：头尾轴特别延长，背腹轴和左右轴特别缩小且几乎等长，行动不甚敏捷，通常有钻泥打洞的习惯。除此之外还有其他体形，如带鱼的身体呈带形、箱鲀呈箱形、河鲀呈球形等。

## 4. 鳍的类型

鳍是鱼类运动和平衡身体的主要工具，分布在鱼的躯干部和尾部。多数的鱼类具有背鳍（dorsal fin）、臀鳍（anal fin）、尾鳍（caudal fin）、胸鳍（pectoral fin）、腹鳍（ventral fin或pelvic fin）。鳍由鳍条和鳍膜组成，鳍条可分为棘、硬刺、不分支鳍条和分支鳍条。

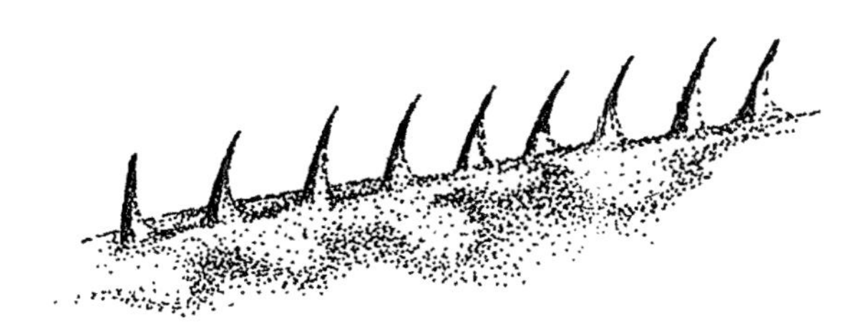

大多数鱼类的背鳍位于背部中央，是维持身体直立的平衡器官。臀鳍位于鱼体下方肛门与尾鳍之间，其形态与功能大体上与背鳍相似。尾鳍位于鱼体的末端，具有推进和转向作用。胸鳍位于鳃孔后方鱼体腹部两侧，主要是使身体前进、控制方向和在行进中起“刹车”作用。腹鳍位于鱼体腹部，具有稳定身体的作用。

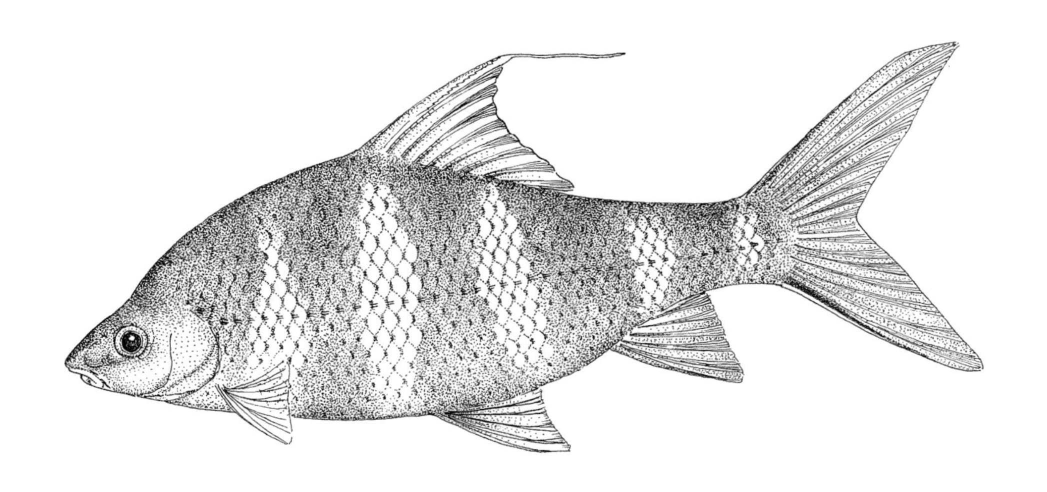

## 5. 内部构造

中国原生鱼内部构造的基本组成是相同的，有骨骼、肌肉、消化、呼吸、循环、神经和感觉器官、尿殖、内分泌、免疫等系统组成。

**（1）骨骼系统**

中国原生鱼骨骼系统依据功能特点和着生部位分为主轴骨骼和附肢骨骼；主轴骨骼包括头骨、脊柱、肋骨，附肢骨骼包括带骨和支鳍骨。鱼类的骨骼起支持、保护、协助运动等主要作用，还可以协助发声、提高感觉功能。

**（2）肌肉系统**

中国原生鱼肌肉系统的基本结构单位和生理功能单位是肌细胞，根据肌细胞结构特点和生理特性分为平滑肌、心肌和骨骼肌三类。骨骼肌受意志支配为随意肌，分为鳃节肌和体节肌。骨骼肌通常根据形态特征、着生部位、起止点、收缩效应等进行命名。鱼体两侧躯干和尾部肌肉的通常为大侧肌，由呈“W”的肌节组成，大侧肌由水平隔膜分为轴上肌和轴下肌，是鱼体运动的主要动力源。

**（3）消化系统**

中国原生鱼的消化系统包括消化道和与消化道连附的各个消化腺。消化道有口咽腔、食道、胃、肠、肛门。消化腺有胃腺、肝脏、胰腺、肠腺。消化道承担着食物的摄取、输送、研磨以及将之与消化酶混合搅拌的机械消化作用。消化腺分泌消化酶，将食物分解为可溶性小分子状态，承担着化学消化作用。

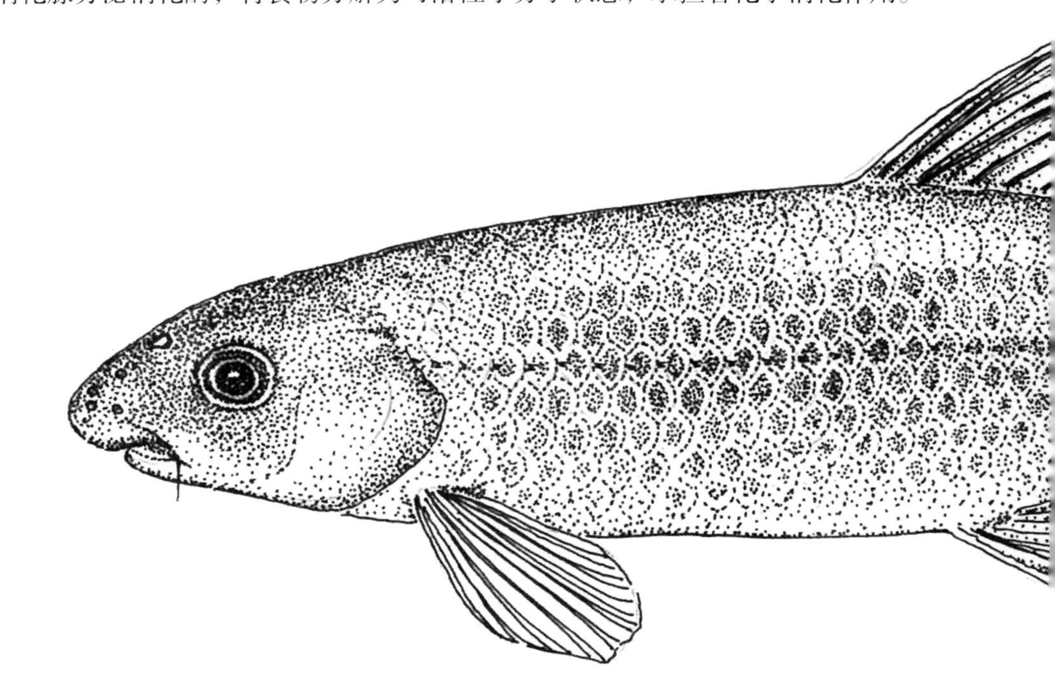

（4）呼吸系统

鳃是鱼类最主要的呼吸器官，除了具有气体交换的功能外，还有物质代谢和协助调查渗透压的生理功能。鳃的基本结构和基本生理功能单位是鳃小片。中国原生鱼在水中呼吸时，流经鳃的水流方向和鳃中血管中的血流方向相反，从而形成逆流倍增系统，这种组织大大提高了鱼在水中的呼吸效率。原生鱼通过口、口咽腔以及鳃盖协调一致的运动而完成这个呼吸过程。在长期适应特殊生活环境的进程中演化形成了某些特殊构造的辅助呼吸器官，可在鳃呼吸量不能满足生命活动需要时辅助呼吸，如皮肤、鳃上器官、气囊等；原生鱼的鳔具有密度调节、呼吸、感觉和发声作用。

（5）循环系统

原生鱼的循环系统包括液体和管道两部分；液体即血液和淋巴，管道为血管系统和淋巴系统。血管系统包括心脏、动脉和静脉。

鱼类的循环方式为闭管式循环，血液和淋巴在心脏的驱动下，在血管系统和淋巴系统内循一定方向流动，周而复始，循环不已。其功能是维持机体内环境的相对稳定；对体内营养物质、代谢废物和激素等物质的运载，对器官的联系和调节作用；通过细胞免疫、体液免疫和血液凝固等过程起防御作用和保护作用。

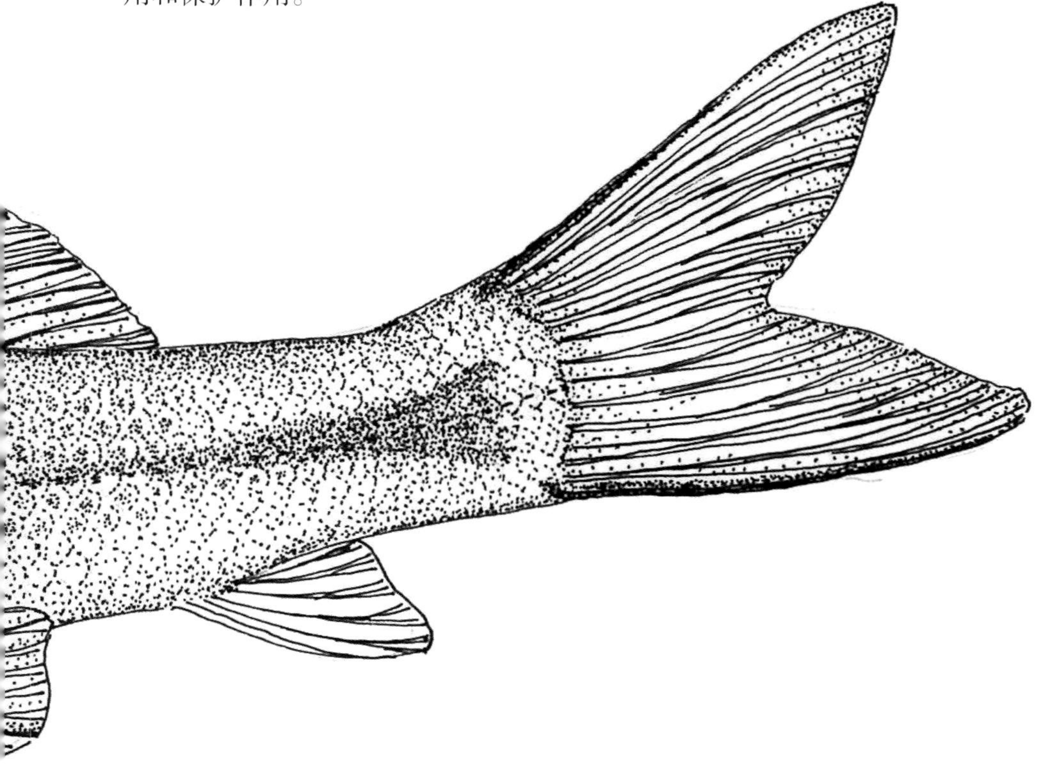

（6）神经和感觉器官系统

神经系统在鱼类的各种活动中起着主导决定性的作用。神经系统由中枢神经系统和外周神经系统组成；中枢神经系统由脑和脊髓组成，外周神经系统由脑神经、由脊髓成对发出的脊神经和内脏神经三部分组成。神经系统主要是由神经细胞和神经胶质细胞组成，神经细胞是高度分化的能感受刺激和传导兴奋的细胞。

感觉器官是将外界环境和内部环境变化转变为神经冲动的器官，由感受器和辅助结构组成。原生鱼的感觉器官包括皮肤感觉器官、听觉、嗅觉、味觉和视觉器官等。

（7）尿殖系统

尿殖系统包括在生理上有很大区别的泌尿系统和生殖系统。泌尿系统主要由中肾、输尿管和膀胱组成，主要功能为排泄尿素、肌酸及肌酸酐等较难扩散的代谢废物和参与体液渗透压调节。生殖系统主要由生殖腺（精巢、卵巢）和输导管（输卵管、输精管）组成。

（8）内分泌器官

内分泌腺是特殊类型的腺体，体积一般小，无导管雷运输腺体分泌的物质。鱼类内分泌腺和内分泌细胞主要包括脑垂体、甲状腺、性腺、肾上腺、胸腺、胰岛和尾垂体等。内分泌腺分泌的激素通过血液循环输送到全身器官、组织和细胞内，对机体的各种生命活动进行调节。

## 二、中国原生鱼的生物学特性

### 1. 摄食类型

作为中国原生鱼类食物的水生动植物种类很多。不同的原生鱼类所摄食的食物往往不同，这与原生鱼类的大小、生活环境、摄食器官的构造密切相关。按食物的性质划分，可归纳为三大营养类型，即草食性、肉食性和杂食性。

（1）草食性（herbivoures）

这是一类摄食植物性食物的原生鱼类。按食物类型可分为以高等水生维管束植物为食和以低等藻类为食的两类。① 水草食性：以高等水生维管束植物为食的鱼类，如草鱼（*Ctenopharyngodon idellus*）是完全以水草为食的原生鱼类，长春鳊（*Parabramis pekinensis*）和团头鲂（*Megalobrama amblycephala*）等这些优良的淡水经济鱼类也是以水草为食。②藻类食性：以低等藻类为食的鱼类。其中最为有名的鱼类是鲢（*Hypophthalmichthys molitrix*），该鱼终身主要以浮游植物为食。再如，生活在长江上游的白甲鱼主要以浮游植物和着生藻类为食。

**（2）肉食性（carnivories）**

这是一类专门摄食动物性食物的原生鱼类。根据摄食对象不同，又可分为三种类型。① 食鱼鱼类：通常称为凶猛性鱼类。这类鱼常以较大的脊椎动物为食，主要以鱼类为主，如淡水中的鳡（*Elopichthys bambusa*）和鳜（*Siniperca chuatsi*）。② 底栖动物食性鱼类：以水中底栖无脊椎动物为主要食物。如青鱼以螺蛳、蚌、蚬等为食；胭脂鱼和圆口铜鱼等由于生活在水体底部，主要以水蚯蚓、水生昆虫等为食。③ 浮游动物食性鱼类：以浮游甲壳类（如枝角类、桡足类）为主要食物，如鳙、银鱼科鱼类等。

**（3）杂食性（omnivores）**

这一类型的原生鱼类，食物成分兼有动物性和植物性。杂食性的鱼类中的很多种类，食物成分显示出它们会对某种食物产生偏好，如鲤偏重动物性食物，鲫偏重植物性食物。

## 2. 生长特点

生长特点是指生长的方式和过程的特点。原生鱼类的生长特点是由其遗传性及其对生活环境长期适应的结果。虽然每一种鱼的生长都具有各自特性，但就整个原生鱼类来讲，具有以下一些共同的特点。

**（1）生长的连续性**

原生鱼类的生长与其他动物不完全一样，生长速度虽有明显的阶段性，但只要食物充足，环境条件适合，就可以连续不断地生长，直到衰老为止。

（2）生长的阶段性

常规地把原生鱼类生长分成性成熟前、性成熟后和衰老期三个阶段。性成熟前生长最快；性成熟后，原生鱼类所摄食的营养大部分不再用于生长而是保证性腺的生长和发育；衰老期的摄食主要是用于维持生命和储备过冬物质。

（3）生长的季节性

地球的转动，使同一地区接受太阳辐射能存在时间和强度的差异，形成季节的变化，从而导致鱼类生长随着季节的变化，生长速度呈现快、慢交替现象。鱼类季节性生长主要由各季节的水温、饵料丰度和原生鱼类自身代谢强度和摄食强度所引起。

（4）雌、雄相异性

通常，原生鱼的雄性个体较雌性个体要早成熟一年左右，甚至更长，因此生长率较雌性提前下降，个体较雌性小，如普通鲫鱼。也有相反的情况，鲇形目的许多鱼类，如黄颡鱼等是雄性个体明显大于雌性个体。

## 3. 原生鱼的繁殖习性

繁殖是鱼类生活史的重要环节，包括亲鱼性腺发育、成熟、产卵或排精，到精卵结合，孵出仔鱼的一系列过程。不同原生鱼有不同的繁殖策略。中国原生鱼的繁殖特点是雌雄亲鱼基本同时排卵排精，卵子在水中与精子结完成体外受精。中国原生鱼的卵有四种类型：黏性卵、沉性卵、浮性卵和漂流性卵。① 黏性卵：卵产出后卵膜遇水具黏性，使卵黏附在水草、石块等物体上孵化，人工繁殖时需要有水草或其他附着物为巢。② 沉性卵：卵产出后沉在水底，人工繁殖时需要有石块等，受精卵沉入沙石间或附着在光滑的石块上孵化。③ 浮性卵：卵产生后漂浮在水面上，随风向和水流流动，人工繁殖时需要有水草诱导，雄鱼在水面吐泡沫筑浮巢，雌鱼产卵于浮巢中。④ 漂流性卵：卵产出后吸水膨胀，流水中可悬浮在水层中，静水中卵将缓慢下沉，人工繁殖时需要有一定的流水以免卵下沉而死亡。

通常，原生鱼繁殖条件要求较高，需要特定的水温、水质、光照、产卵场所、卵附着物等。一般雌鱼和雄鱼按1：（1~2）的比例放养，产卵受精后及时将亲鱼捞出。不同的原生鱼类产卵条件不同，产卵场所也不同。通常采用雌鱼怀卵量表示鱼类繁殖力，不同种类的鱼，繁殖力差异巨大。原生鱼繁殖方式极为多样，依据受精卵、亲体和环境（繁殖场所）三者的联系，可以分为无亲体护卫型和亲体护卫型两大类型。原生鱼繁殖行为因环境变化而改变。原生鱼早期生活史指其生活史中成活率最低的卵、仔鱼和稚鱼三个发育期。卵的质量、受精、发育依鱼种类不同而各有不同，受精卵的发育受环境因子的影响极大。

原生鱼的每一个个体都有各自的繁殖特性，这是由该个体的基因型决定的。人工繁殖时，需要模拟自然状态下每种原生鱼的繁殖条件，因而要以原生鱼的生活和繁殖特性为基础，探索满足其所需的繁殖条件，以求繁殖成功并获得好的繁殖效果。

# 三、中国原生鱼的分类依据

## 1. 中国原生鱼的分类体系

现行通用的分类等级共七级，依次是界（kingdom）、门（phylum）、纲（class）、目（order）、科（family）、属（genus）、种（species）。在这个顺序中，等级的高低从上而下逐步降低，而从属关系则是由下而上逐步扩大。物种是分类的基本单位，相近的种归并为属，相近的属归并为科，以此类推。“界”是分类的最高等级。有时为了更精确地表示动物间的相似程度，可将原有的阶元细分，常常是在原有阶元之前或之后增设“总级”或“亚级”。

按照这样的分类，任何一个已知的动物均无例外地有了自己的分类地位，中国原生鱼属于动物界、脊索动物门、硬骨鱼纲。例1和例2举例了胭脂鱼和黄鳝的分类体系。

例1：动物界 Kingdom Animalia
　　脊索动物门 Phylum Chordata
　　硬骨鱼纲 Class Osteichthyes
　　鲤形目 Cypriniformes
　　胭脂鱼科 Catostomidae
　　胭脂鱼属 *Myxocyprinus*
　　胭脂鱼 *Myxocyprinus asiaticus* (Bleeker)

例2：动物界 Kingdom Animalia
　　脊索动物 门Phylum Chordata
　　硬骨鱼纲 Class Osteichthyes
　　合鳃目 Synbranchiformes
　　合鳃亚目Synbranchoidei
　　合鳃科 Synbranchidae
　　黄鳝属 *Monopterus*
　　黄鳝 *Monopterus albus* (Zuiew)

### 2. 中国原生鱼的命名原则

中国原生鱼的命名遵循生物物种名的命名原则，国际上规定每一种动物必须有一个共同通用的科学名称——学名，其应有规范，并能在国际范围内长期使用，以便于国际上科学的交流和发展。

现用国际上一致采用的种的命名法，是瑞典科学家林奈（Linne）于1758年首创的双名法。双名法是以两个拉丁文或拉丁化了的文字连在一起，表示一个物种的学名。属名在前，为单数主格名词，第一个字母大写；种名在后，多为形容词，第一个字母小写。学名之后，通常附记当初定名人的姓氏或其缩写，第一个字母大写，以便于校队原始资料和标本，例如翘嘴鲌的学名为*Culter alburnus* Basilewsky。

国际动物学命名法还规定，任何动物分类单元的正确科学名称，都应该是最早正确出现的名称，这一规定称为优先律，其目的为保证一物一名。

## 四、中国原生鱼的资源状况

### 1. 中国原生鱼的种类分布

我国原生鱼类最显著的特点是鲤科种、属最多，在各水系中尤其以长江、黄河、珠江三流域表现得更为明显。据粗略统计，鲤科种数约占全国原生鱼类的一半以上。鲇类和鳅类合占1/4左右，其他各种原生鱼约占13%。我国迄今为止已知的淡水鱼类（原产我国，不包括移养种）约14目，33科，240属，近900种和亚种。其中，鲇形目与鲤形目合计约占全国淡水鱼类总数的84%，由此可见，鲤形目和鲇形目是组成我国淡水鱼类的主体，也是进行鱼类分布规律研究及区系划分的最主要依据。当然，也不能排斥其他科目在区划分析中的代表意义（如银鱼科、鲑科、狗鱼科、乌鳢科、攀鲈科、杜父鱼科、胡瓜鱼科、刺鱼科等）。

### 2．中国原生鱼的区系划分

我国的动物地理区系，分划于世界动物地理区划中的古北界和东洋界。关于中国原生鱼的区系分布主要分为五大区。① 北方区：包括我国黑龙江、乌苏里江、松花江、西辽河、图们江、鸭绿江等流域，以及西北新疆的额尔齐斯河和乌伦古河等水系。② 华西区：包括新疆（阿勒泰地区除外）西北的塔尔巴哈台山往东到北塔山向南沿甘肃河西走廊，转六盘水到天水，四川北缘的青川，到贵州毕节，再转到云南省富源到腾冲以西为界的我国西部广大地区，主要包括甘肃河西走廊（黄河上游）、青藏高原、四川北部、云贵高原、北部以及西北部等地。③ 宁蒙区：包括宁夏贺兰山（蒙古语谓骏马为“贺兰”）和内蒙古阴山以北的内蒙古水系，以及河套地区的黄河水系。④ 华东区：本区是一片广阔的大平原，包括阴山南部的高平原，广袤的华北平原和江淮平原，甚至西达黄土高原，南至钱塘江，北到辽河，为我国东部广大的江河平原区。⑤ 华南区：包括云南省中部以南的腾冲、下关（大理）、通海、富源一线，往东沿南岭经广西、贵州南部、广东、海南岛、福建而到浙江省天台山以南的广大地区，并延伸至台湾。

## 五、中国原生鱼的保护与利用

### 1．中国原生鱼的资源保护

在正常情况下，水域生态系统的各个结构成分保持着相对稳定的联系，并不断为人类提供各种水产品（鱼类）。但是，随着现代工农业生产和科学技术的发展，在缺乏科学管理的情况下，这些自然系统往往受到不正当的干扰，如过度捕捞、水域污染、水利农田建设、外来物种的入侵等。当这些干扰超过生态系统本身的调节能力时，生态系统的平衡就会遭到破坏。结果就会造成水产资源的破坏或严重的水域污染，不仅影响水生动植物和鱼类的正常生长，也直接影响到人类的生活，产生诸如食物、自然资源利用和环境保护等方面的问题。

中国原生鱼中有许多珍稀物种，但其物种区域分化强烈，食性分化明显，繁殖习性独特，都使得其竞争能力和生存能力较低，物种更为脆弱，因而在生存竞争中往往处于劣势。我国历来对原生鱼资源的保护力度都很欠缺，但随着社会的进步，人与自然和谐相处正在成为共识；探求人与生态物种间的和谐共生，将是中国原生鱼得以保护的希望；建立珍稀原生鱼物种的养殖繁育基地，是从根本上解决中国原生鱼资源保护的正确道路。

## 2. 中国原生鱼的开发利用

中国原生鱼的开发利用应该与资源保护结合起来，必须在不破坏鱼类资源的前提下进行合理利用；开发利用应该与经济效益结合起来，许多原生鱼资源为我国特有种，具有出口创汇价值，合理开发可以做到开发者和国家都能得到经济效益；开发利用应该与地方经济发展结合起来，原生鱼的资源分布地大都经济较为落后，利用得好，会对这些地方的百姓致富和经济发展起到促进作用。

# Cypriniformes

# 第二章 | 鲤形目

# 平鳍鳅科Balitoridae

## 中华金沙鳅

*Jinshaia sinensis*

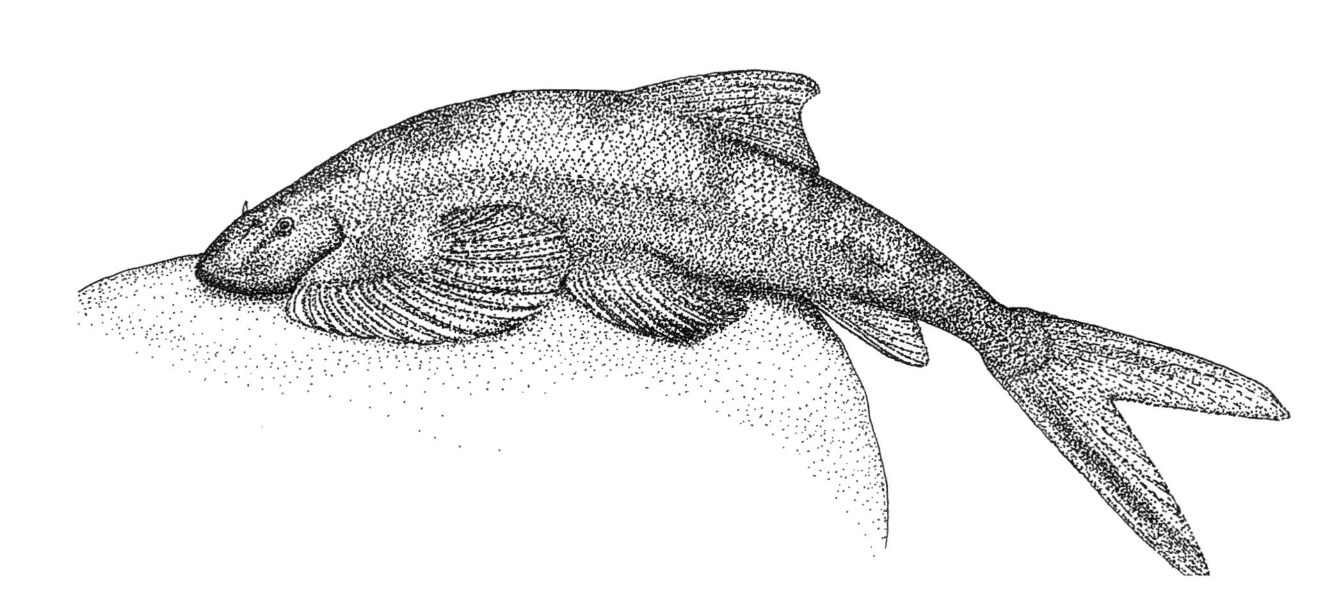

## 生物学特征

体前部平扁，后部成圆筒状。吻皮下包形成吻褶，吻褶中间具2对小吻须，口下位，具口角须2对。胸鳍向左右平展。腹鳍左右分开。尾鳍深叉形。鳞片具发达棱脊。头、胸和腹部乃至肛门前均裸露无鳞。体背部呈灰色，具块状褐色斑纹。各鳍灰色。

## 野外状况 易危

中华金沙鳅作为一个对环境要求很高的物种，对河流的任何破坏和污染都会影响到其生存，再加上滥捕情况严重，中华金沙鳅的野外种群生存状况不容乐观。

## 罕见程度 高

中华金沙鳅产地并不难寻，但由于其的高难度饲养级别，在水族市场的曝光率较低。

## 饲养难度 极难

吸鳅都是对环境有高要求的物种，作为吸鳅里最难饲养的种类，中华金沙鳅的饲养难度可谓极难，需要凉爽清洁、溶氧丰富的水质，过滤器24小时运行不能停，需要一定造流，能打气泵会更好，对水中的污染物较为敏感，需要经常换水。中华金沙鳅对饲料清洁度要求高，建议使用干净的冻红虫或者优质的、腥味大的底栖鱼饲料尝试，虽然个子大，但抢食能力很弱，即使和别的吸鳅混养也容易被抢走食物，混养的鱼类不能多，抢食能力也不能强。夏天要注意水温不可过高，中华金沙鳅可以短暂耐受32℃水温，但建议控制在28℃以下，冬天要注意水温不可过低，建议控制在15℃以上，预防水霉发生。

杨明瀚拍摄

中华金沙鳅 *Jinshaia sinensis*

# 沙鳅科Botiidae

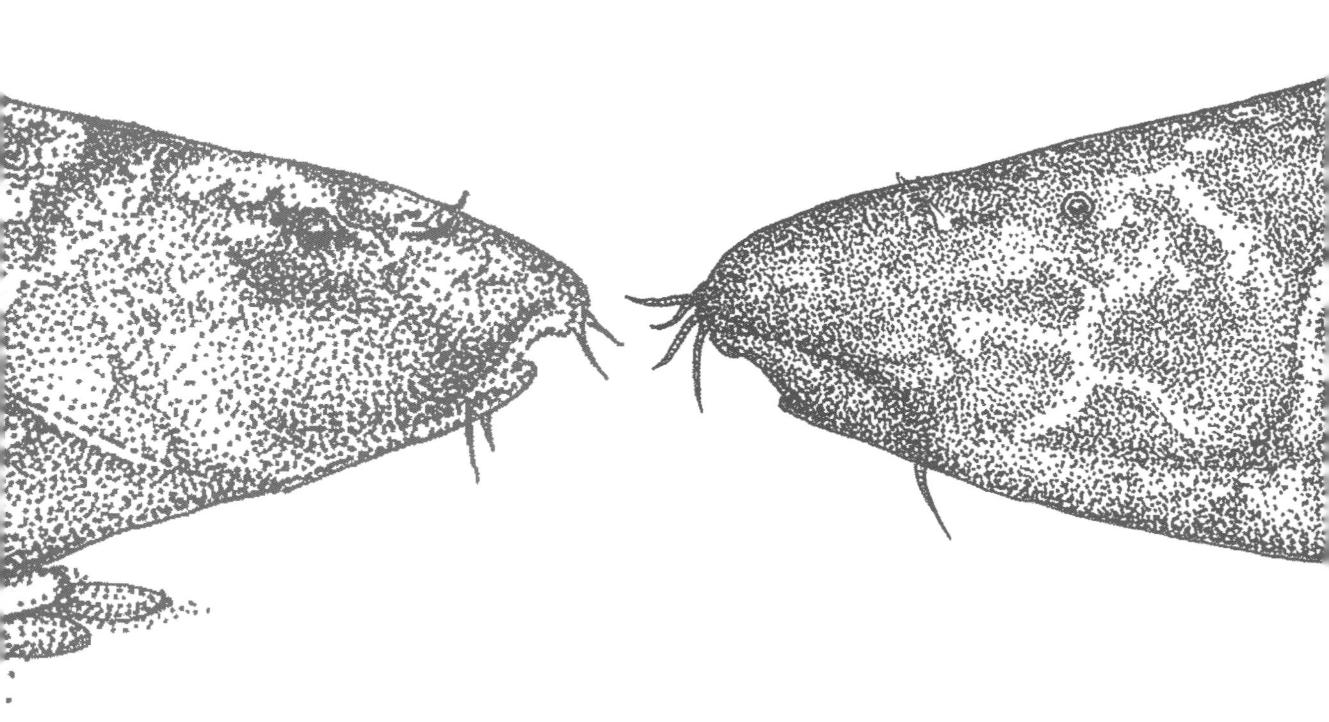

# 长薄鳅

*Leptobotia elongata*

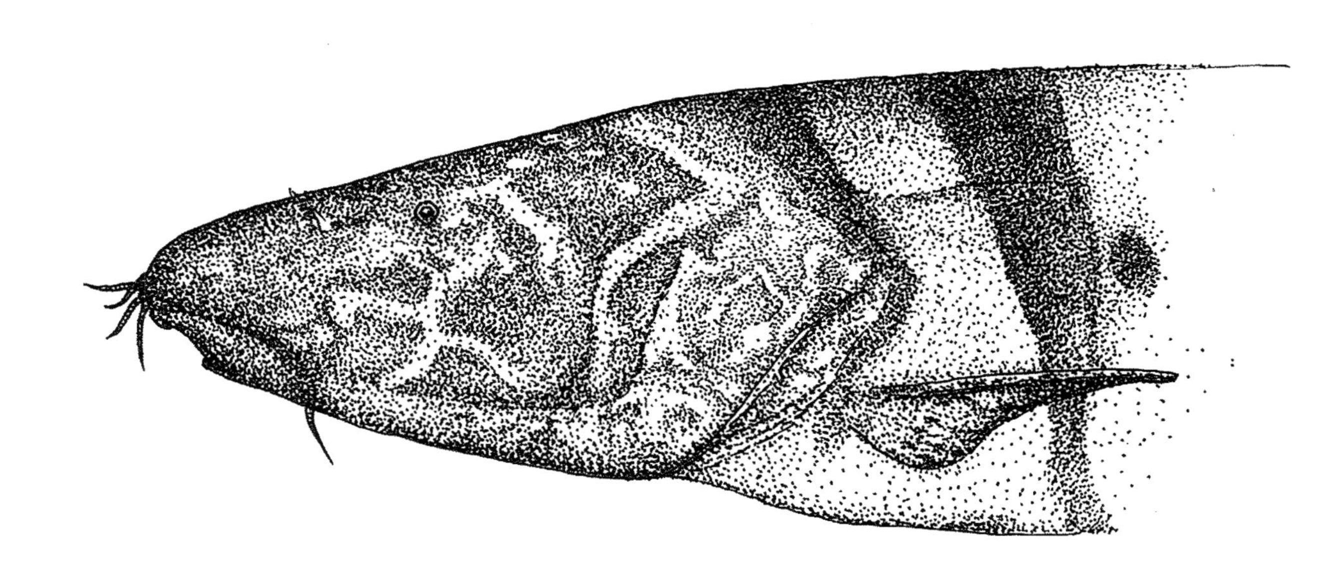

## 生物学特征

体长，侧扁。口裂呈马蹄形。眼小，眼下缘有一光滑硬刺。背鳍和臀鳍均短小，无硬刺；胸、腹鳍短，胸鳍基部有一长形皮褶。头部背面有不规则深褐色花纹。背鳍基部及边缘有两列深褐色的斑纹；臀鳍有两列褐色的斑纹；尾鳍有3~4条褐色条纹。

## 野外状况　濒危

筑坝造成水文情况变化导致野生种群繁殖困难，滥捕使得状况更加危急，目前长薄鳅的野生种群生存状况不容乐观。

## 罕见程度　中

作为一个出名且引人注目的美丽物种，长薄鳅受到的关注一直较高，即使种群状况逐年而下，但尚未离开原生鱼爱好者的视线。

## 饲养难度　稍难

长薄鳅是喜欢清澈干净水质的中大型肉食鱼类，建议用一米以上鱼缸饲养，有些许水流状态会更佳，夏季温度不可太高，28℃以下为好。

虽然长薄鳅是肉食鱼类，性格却十分平和，不要与脾气暴躁的鱼类混养，喜食圆筒状的小鱼（如泥鳅）和鱼虾肉块，也能接受优质饲料。

# 紫薄鳅

*Leptobotia taeniops*

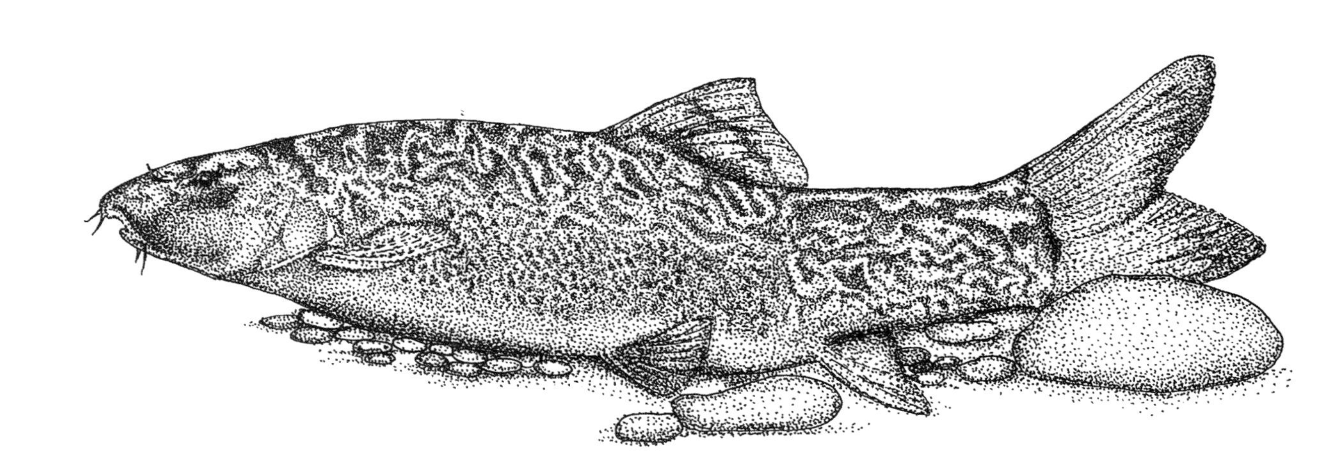

## 生物学特征

体长形，较高。背鳍稍高，基部较长，外缘微凹，无硬刺。胸鳍较短，末端圆，后伸不及胸、腹鳍起点的1/2点处。腹鳍短小。臀鳍短，外缘平截。尾鳍长，分叉深。头部和体上都有许多蠕虫形紫褐色或浅黑褐色条形斑纹，背鳍前有3个马鞍形大斑块。

## 野外状况　需要关注

筑坝造成水文情况变化，导致野生种群增殖力下降，河道挖沙对野生种群的影响也存在，需要对其生存状况进行关注。

## 罕见程度　中

紫薄鳅产区数量不少，但名头不是特别响亮，对其了解的人少。

## 饲养难度　一般

紫薄鳅是喜欢清澈干净水质的中小型鱼类，有些许水流状态会更佳，夏季温度不可太高，30℃以下为好。

有一定攻击性，会攻击小鱼，混养请注意！杂食性，一般的饲料即可接受，比较喜欢虾肉。

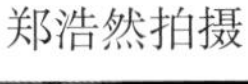

# 条鳅科Nemacheilidae

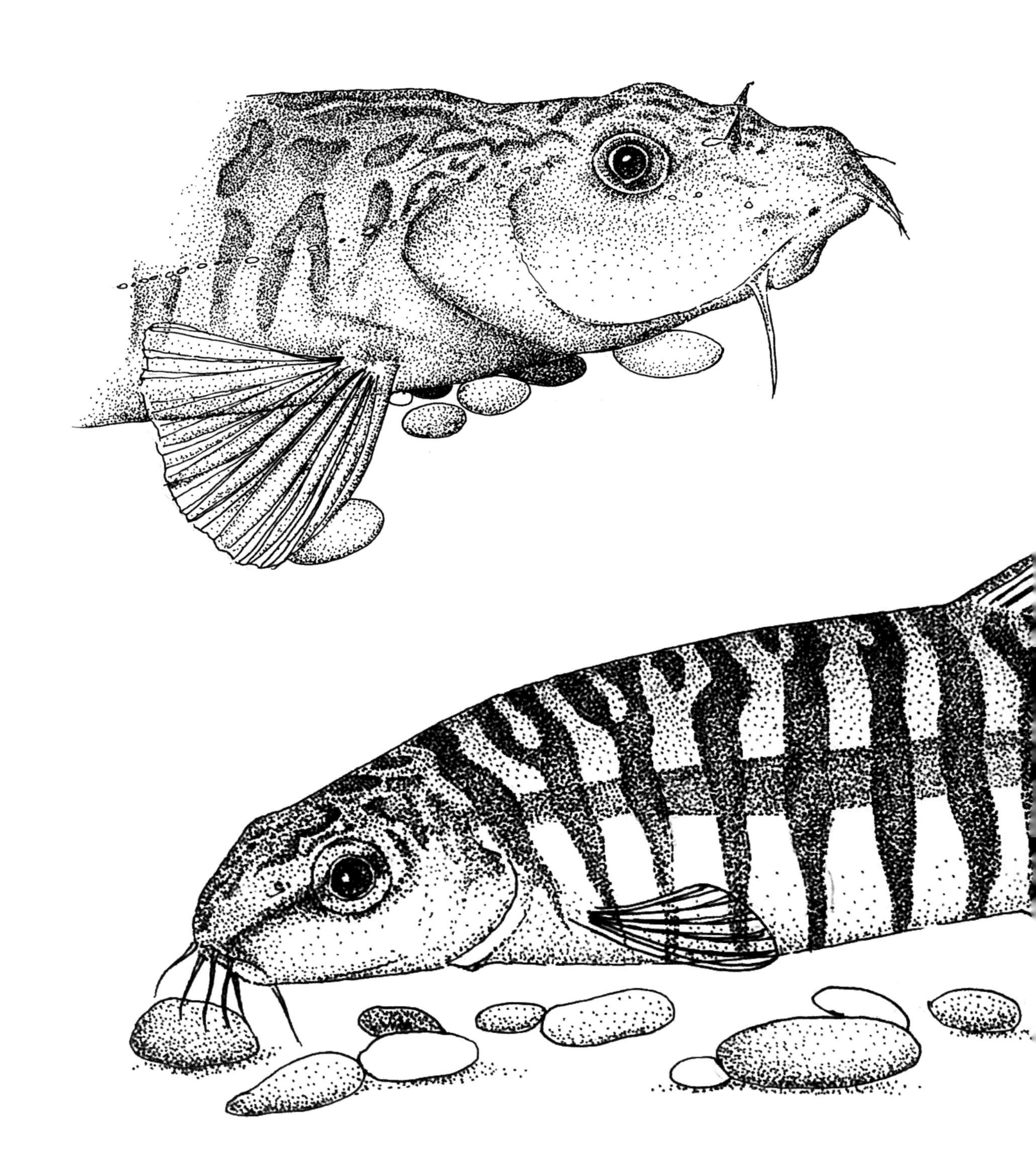

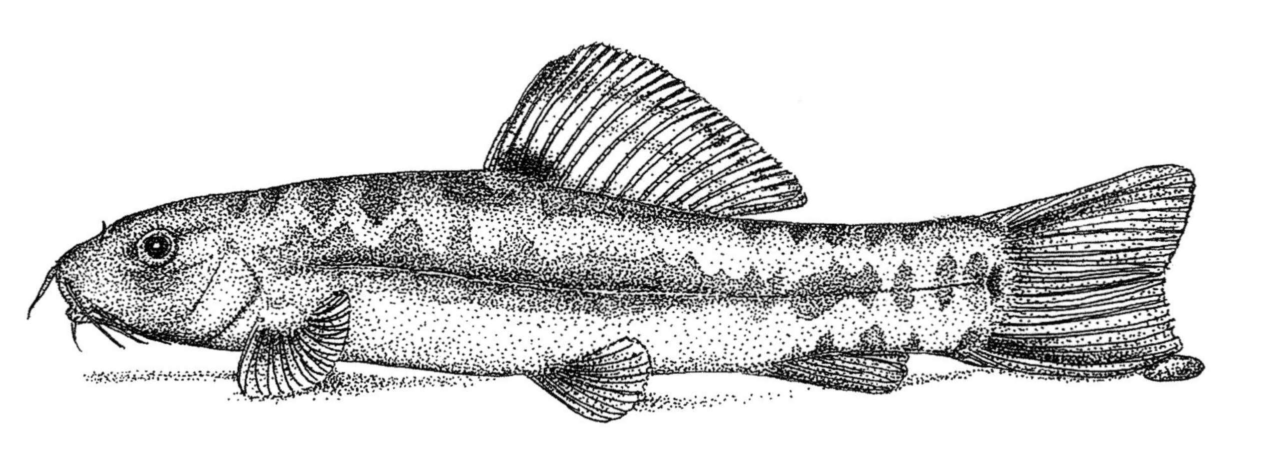

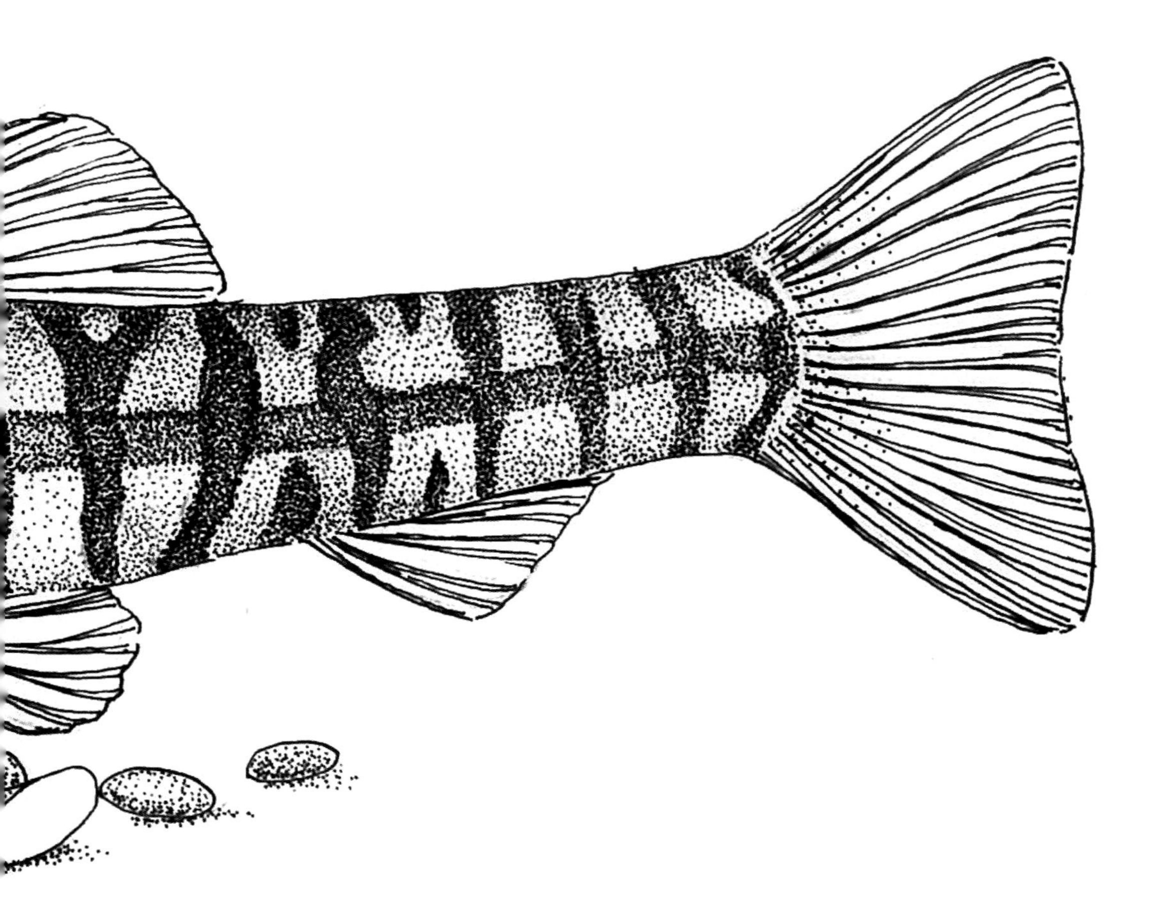

# 短体副鳅

*Homatula potanini*

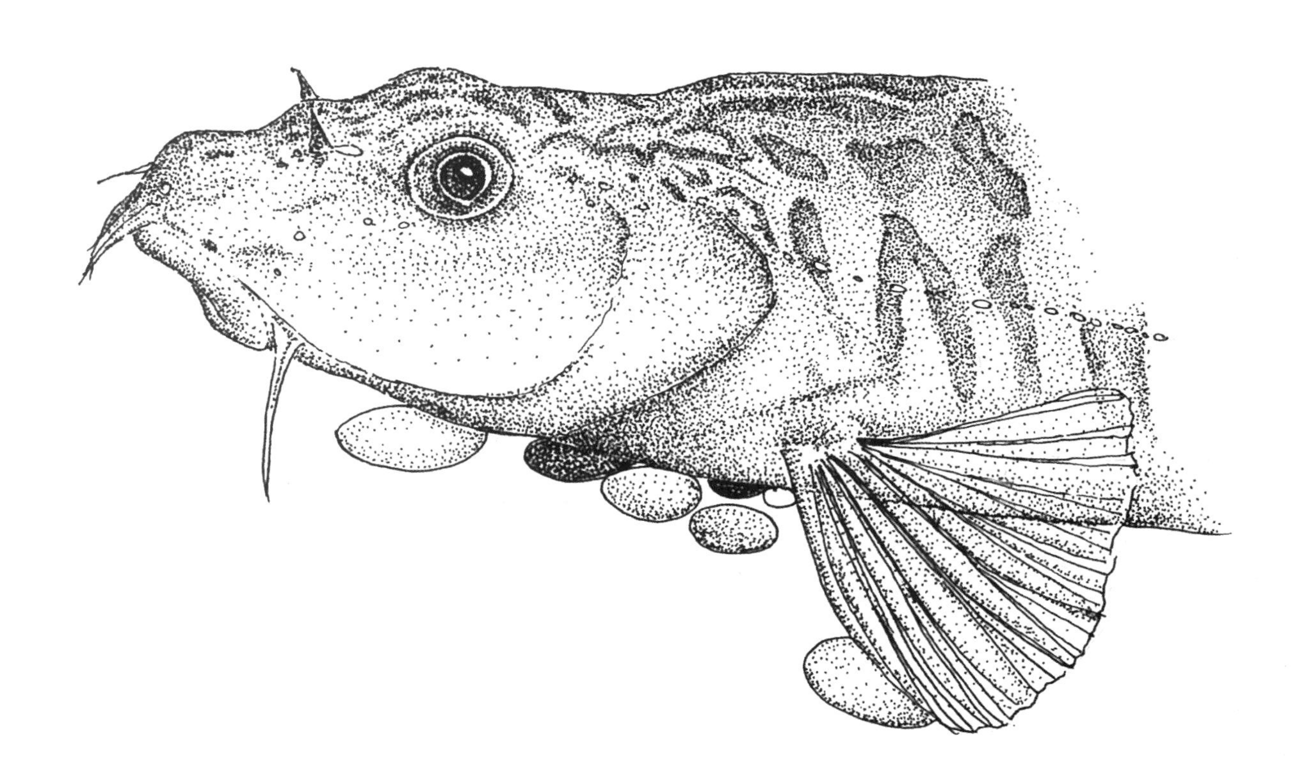

## 生物学特征

体形小，前段呈圆筒状。后段侧扁，上下具发达的皮质棱。背鳍短小，无硬刺。腹鳍短小，无硬刺。臀鳍甚短小，末端圆。生活时灰褐色，头背面有灰黑色斑点。体背部和侧上部为褐色带浅灰色，体侧有许多较宽的深褐色横条纹，腹部黄褐色。

## 野外状况　无危

短体副鳅分布较窄，但产区种群规模不低。

## 罕见程度　中

短体副鳅时有在水族市场出现。

## 饲养难度　容易

短体副鳅是喜欢清澈干净水质的小型鱼类，有一定适应力，体质强健，爱好掘沙，鱼缸中种植有水草的要注意。

杂食性，对各种人工饵料均能很好接受，推荐喂食柔软、颗粒小的下沉性饲料。短体副鳅喜好钻洞，建议提供部分躲避物供其躲藏。

# 美丽小条鳅

*Traccatichthys pulcher*

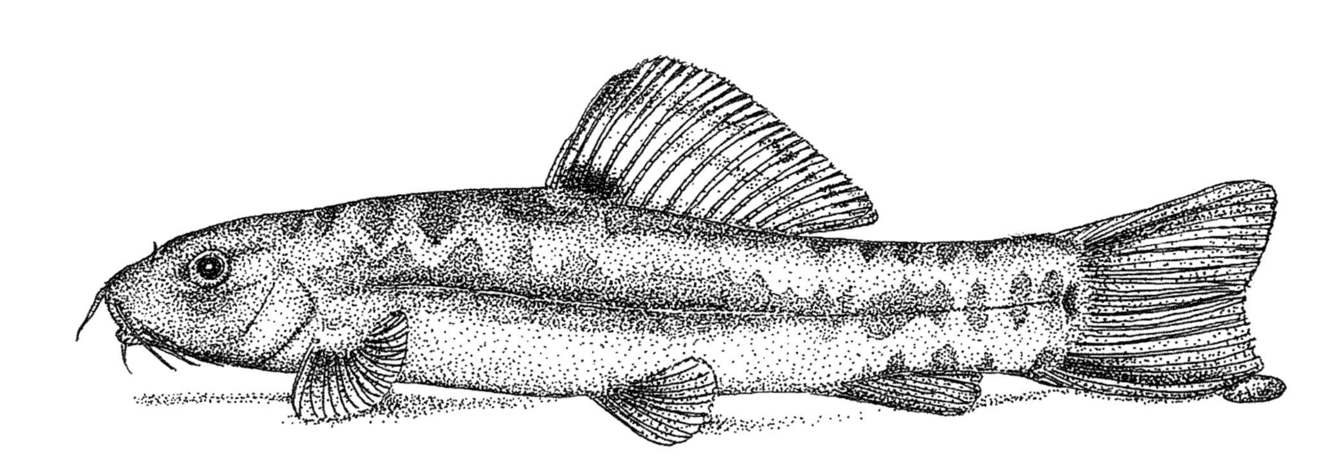

## 生物学特征

体侧扁。头小，吻长，稍尖。眼中等大，前后鼻孔邻近。口下位，唇周有乳突。须3对；吻须2对，位于吻端；颌须1对；位于口角。鳞片极小，侧线完全。背鳍起点在腹鳍起点的前上方。尾鳍微凹。体中轴具黑褐色波边纵纹。

## 野外状况　无危

美丽小条鳅是岭南地区山溪、小河常见的鱼类之一，适应性强。

## 罕见程度　低

美丽小条鳅是因美丽而出名的物种，适应性强且种群大，一直受到原生水族爱好者的关注。

## 饲养难度　容易

美丽小条鳅是喜欢清澈干净水质的小型鱼类，适应性强，建议造流，会更出彩。

杂食性且性情温顺，是不错的水族箱混养品种，可以接受普通饲料，喜在缸底巡游，60厘米以上的鱼缸效果较好。

# 丽纹云南鳅

*Yunnanilus pulcherrimus*

## 生物学特征

体呈纺锤形，侧扁。背鳍外缘弧形，最末不分支鳍条短于第一分支鳍条。胸鳍外缘弧形，中央鳍条最长。腹鳍外缘弧形，短小。身体具黑褐色细横斑12~17条，横斑在背侧有时分裂成2条；横斑间距大致相等，背部最宽，向下渐窄。各鳍鳍条浅灰色或灰色。

## 野外状况　无危

丽纹云南鳅分布较窄，但产区种群规模不低。

## 罕见程度　中

丽纹云南鳅分布较窄，但时有在水族市场出现。

## 饲养难度　容易

丽纹云南鳅是喜欢清澈干净水质的小型鱼类，有一定适应力，体质强健，建议饲养在草缸之中。

杂食性，对各种人工饵料均能很好接受，推荐喂食柔软、颗粒小的下沉性饲料。

丽纹云南鳅非常活跃，喜好群游，偶尔会追击、骚扰别的混养鱼类，但不造成伤害。

饲养鱼缸不能使用细沙为底，丽纹云南鳅容易误吞导致肠胃梗塞死亡。

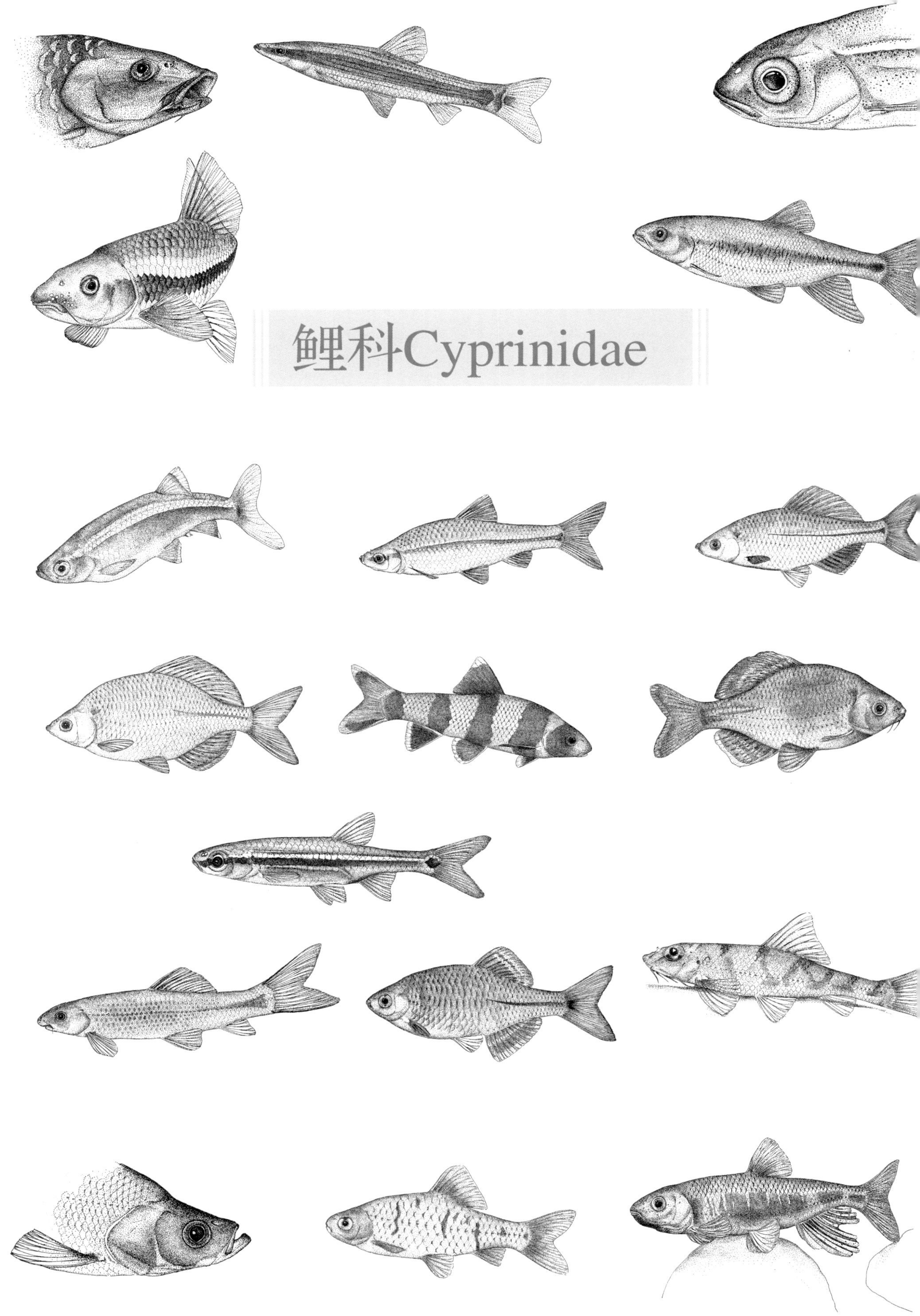

# 鲤科Cyprinidae

# 南方鳅鮀

*Gobiobotia meridionalis*

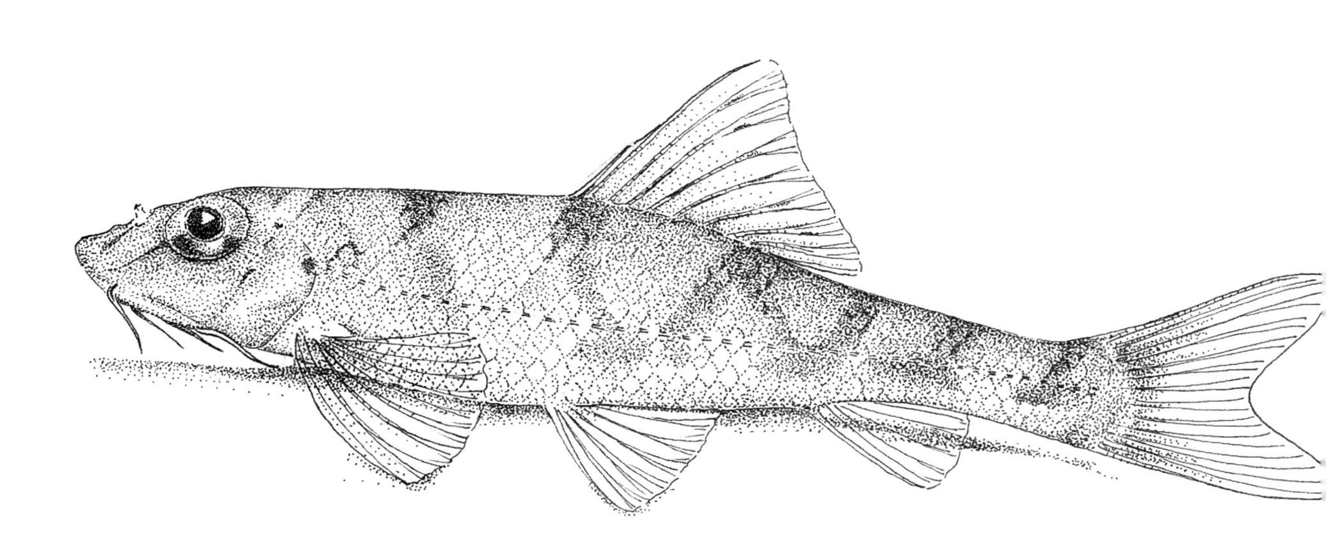

## 生物学特征

身体长形，背面呈圆筒形，腹部平坦，后段较细。头大，吻端钝，口下位，眼大，侧上位，眼径大于眼间距。背鳍短，胸鳍长大，位置与腹部平行。腹鳍、臀鳍小，臀鳍后缘截形，身体黑褐色，腹部灰白色。背部和体侧有6~7条横斑纹。

## 野外状况 需要关注

南方鳅鮀是对环境要求较高的小型鱼类，种群生存状况易受人类活动干扰。

## 罕见程度 高

南方鳅鮀属于较少受人关注的物种，且饲养难度高，尚未进入大众视线之中。

## 饲养难度 难

南方鳅鮀为需要凉爽、清洁、溶氧丰富水质的小型底栖鱼类，鱼缸要有一定的造流，度夏建议温度在28℃以下。南方鳅鮀很怕缺氧，鱼缸过滤不能停，其对水中的污染物较敏感，需要经常换水。

南方鳅鮀性情温顺平和，敏感而较脆弱，抢食能力弱，不建议和太强势的鱼类混养，建议饲喂优质的、腥味较大的底栖鱼饲料。

鳅鮀类有潜沙习性，鱼缸底部一定要铺设细沙，帮助其适应环境。

阳正盟拍摄

# 达氏鲌

*Chanodichthys dabryi*

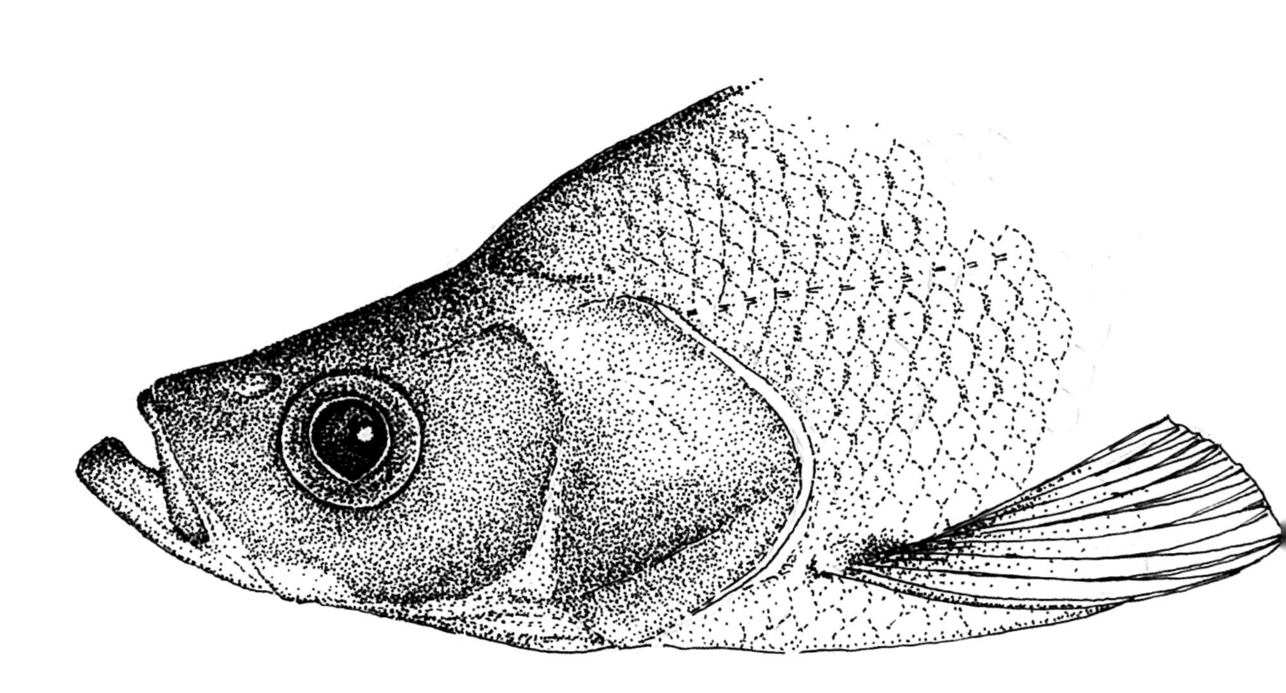

## 生物学特征

体长，侧扁，头背面平直，背部在头后方隆起，略呈驼背状。头小而且尖，口稍上位，下颌突出在上颌的前方。腹鳍基至肛门有腹棱，背鳍具光滑的硬刺，腹鳍分叉深。背部深灰色，体侧银白色；各鳍灰色，尾鳍下叶青灰色。

## 野外状况　无危

达氏鲌分布较广，各大河流中的常见游钓鱼类之一，以“青稍”之名广为人知。

## 罕见程度　中

达氏鲌已经有进行人工繁育，但几乎不作为观赏鱼。

## 饲养难度　稍难

达氏鲌是需要高溶氧清澈水质的中大型掠食鱼类，要求足够大的饲养环境，鱼缸必须造流且加盖。建议从鱼苗饲养，较大的个体应激性太强，容易撞缸受伤甚至死亡。

强食鱼性，可以喂食适口大小的饵料鱼，也能轻易接受人工饲料，侵略性及领域性均低，可以与其吞不下的鱼类混养。

# 斑鳍鲅

*Phoxinus kumgang*

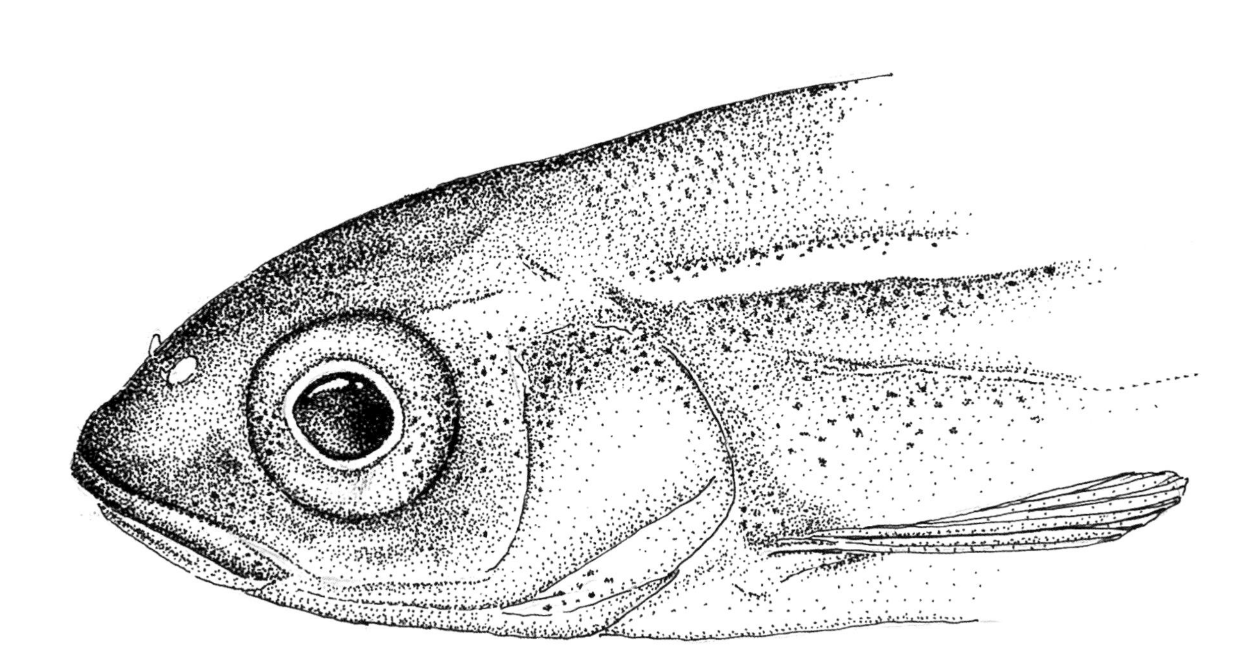

## 生物学特征

体长形，侧扁，腹部圆，尾柄低而长，尾柄长与体高约相等。头长，侧扁，稍尖，头长约与体高相等。口亚下位，口裂稍斜，背鳍短，位于腹鳍上方，前部近基部处有一大黑点，尾鳍分叉深，上下叶末端稍尖，基部正中有一小黑点，身体淡灰褐色，体侧有两条棕红色带，分别位于侧线上下方。

## 野外状况　需要关注

斑鳍鲅分布范围狭窄，对环境需求较高，现如今在各地河流开发的情况下，某些地方的种群受到河流污染、截流枯竭等威胁，需要对其生存状况进行关注。

## 罕见程度　高

斑鳍鲅在国内分布狭窄，加之难以饲养，几乎不可能在观赏鱼市场上看到。

## 饲养难度　难

斑鳍鲅是典型的冷水物种，对水质和水温较为敏感，特别是水温不能过高，家庭饲养必须使用冷水机，否则几乎不能度夏。性格羞怯温和，不要与攻击性太强的物种混养。

# 鳡

*Elopichthys bambusa*

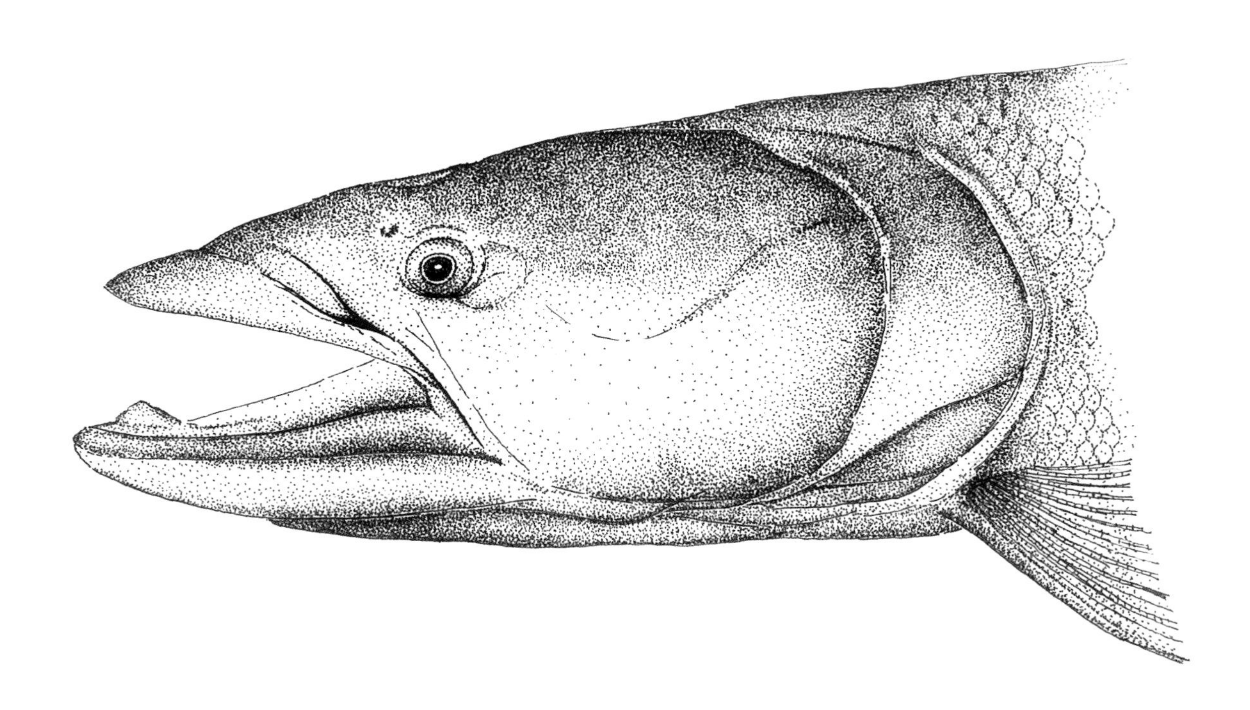

## 生物学特征

体长，其形如梭。头锥形，吻尖长，口端位，口裂大，吻长远超过吻宽。下颌前顶端有一尖硬的骨质突起，与上颌前端的凹陷相嵌合。眼小，鳃耙稀疏，无须，体色微黄，腹银白，背鳍、尾鳍青灰色，其余各鳍黄色。

## 野外状况　需要关注

鳡分布较广，是各大河流中的顶级掠食者之一，不过受到滥捕等威胁，需要对其种群进行关注。

## 罕见程度　中

已经进行人工繁育，在水族市场上也有一定能见度。

## 饲养难度　一般

鳡是体质强健、抗性较好的大型掠食鱼类，对水质、水温要求不高，唯需足够大的饲养环境，鱼缸建议造流且加盖。建议从鱼苗饲养，较大的个体应激性太强，容易撞缸受伤甚至死亡。

鳡为强食鱼性，需要喂食适口大小的饵料鱼，很难接受人工饲料，经过训食可以接受鱼虾肉块，侵略性及领域性均低，可以与其吞不下的鱼类混养。

鳡生长速度飞快，饲养请注意。

鳡 *Elopichthys bambusa*

# 高体鳑鲏

*Rhodeus ocellatus*

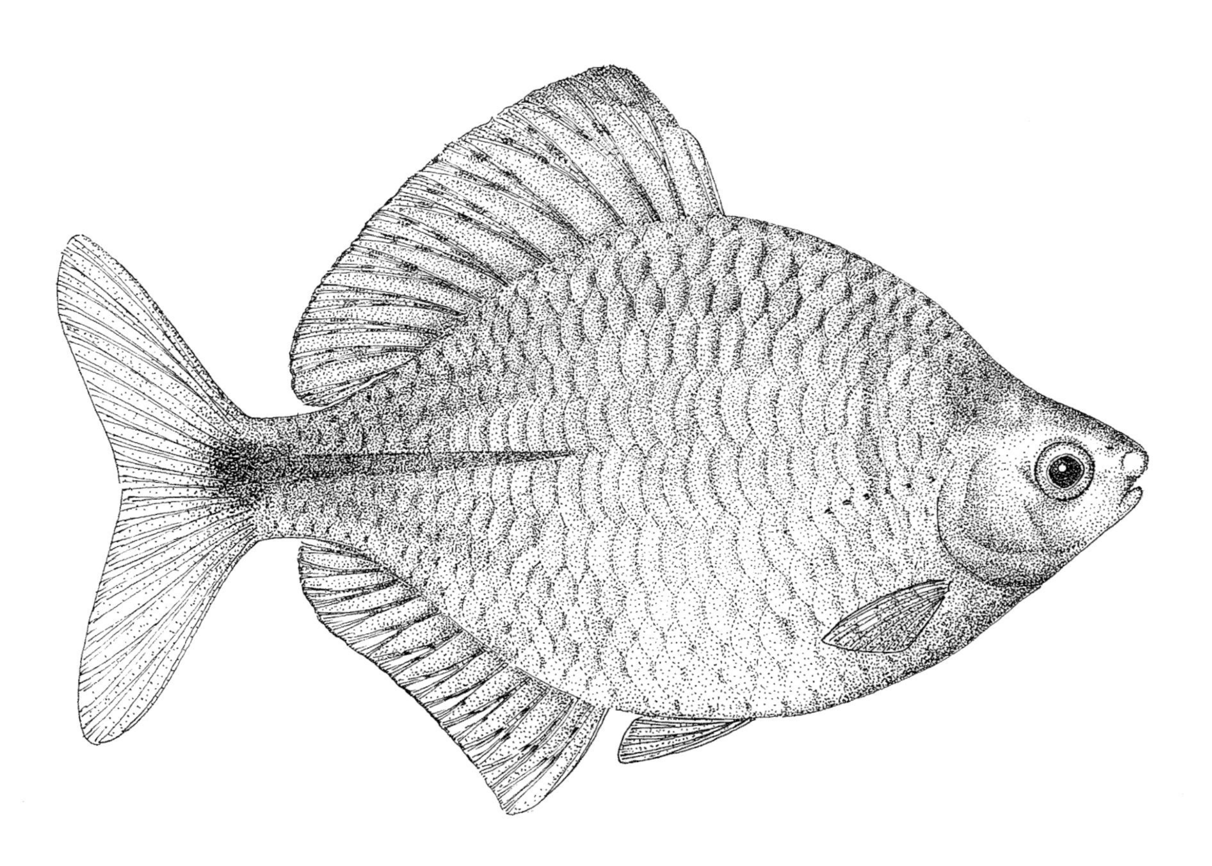

## 生物学特征

体高而侧扁，卵圆形。头小，头后背部显著隆起。吻短而钝，其长短于眼径。眼中大，上侧位。眼间隔宽平，其宽大于眼径。口小，端位。口角无须。体被中大圆鳞。鼻孔小，位于眼前缘上方。鳃耙短小。咽齿齿面平滑，无锯纹。

## 野外状况　无危

高体鳑鲏遍布全国，种群规模庞大。

**罕见程度** 低

高体鳑鲏是最常见的鱼类之一。

**饲养难度** 容易

高体鳑鲏是适应性强的小型鱼类，体质强健，对水质和溶氧没有特别要求，度夏温度建议在32℃以下。

鳑鲏类发色需要合适的光照、茂密的水中植物、干净而清洁的水质、营养全面的饲料，缺一不可。高体鳑鲏性情温顺平和，是很好的水族箱混养品种。

# 石台鳑鲏

*Rhodeus shitaiensis*

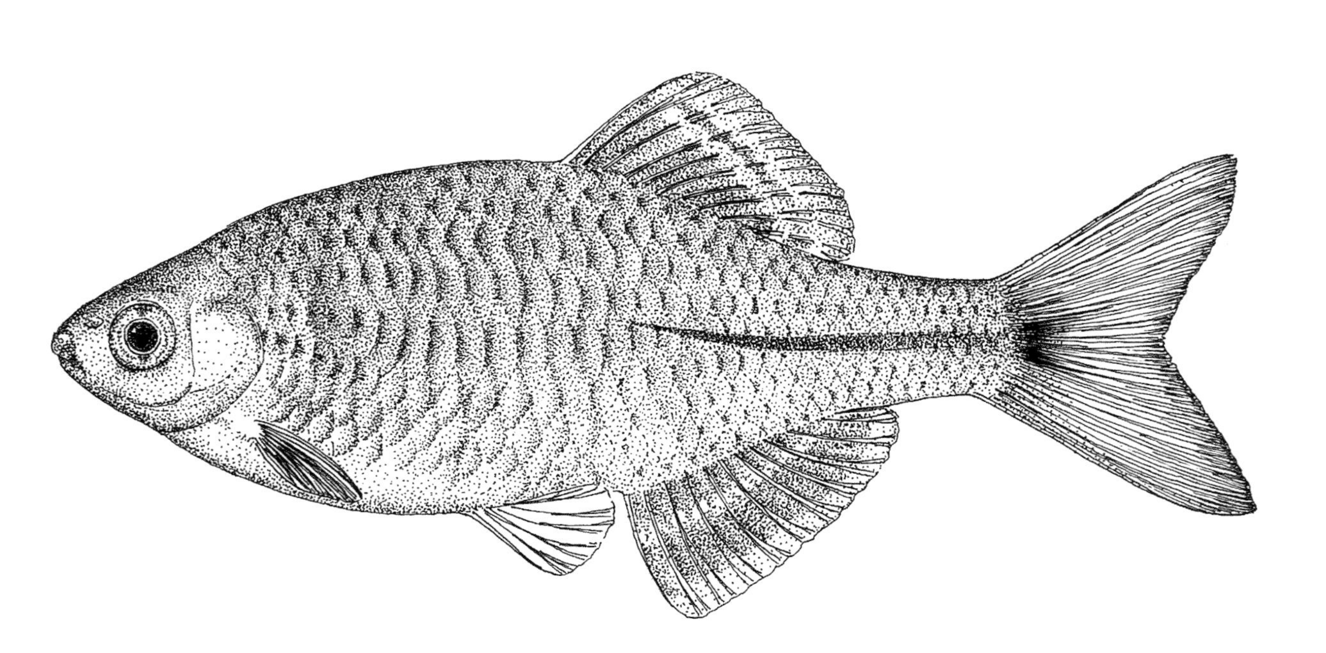

## 生物学特征

体呈卵圆形，头短，口小，无须，侧线鳞6～12片，不完全；背鳍分叉鳍条9～10，臀鳍分叉鳍条9～10，椎骨34～36。生殖季节，雄鱼婚姻色颇为艳丽：各鳍橘红色，鳞片内部呈深蓝色。

## 野外状况　需要关注

石台鳑鲏分布范围较窄，对环境有一定要求，种群状况易受人类活动影响，需要对其进行关注。

## 罕见程度　高

石台鳑鲏是较为罕见的小型鱼类，水族市场上的曝光率较低。

## 饲养难度　稍难

石台鳑鲏是喜欢清澈干净水质的小型鱼类，对水中的污染物敏感，需要经常换水。鱼缸建议轻微造流，度夏温度建议在30℃以下。

鳑鲏类发色需要合适的光照、茂密的水中植物、干净而清洁的水质、营养全面的饲料，缺一不可。

石台鳑鲏抢食能力和体质较弱，混养请注意，不建议和太强势的鱼类混养。

# 中华鳑鲏

*Rhodeus sinensis*

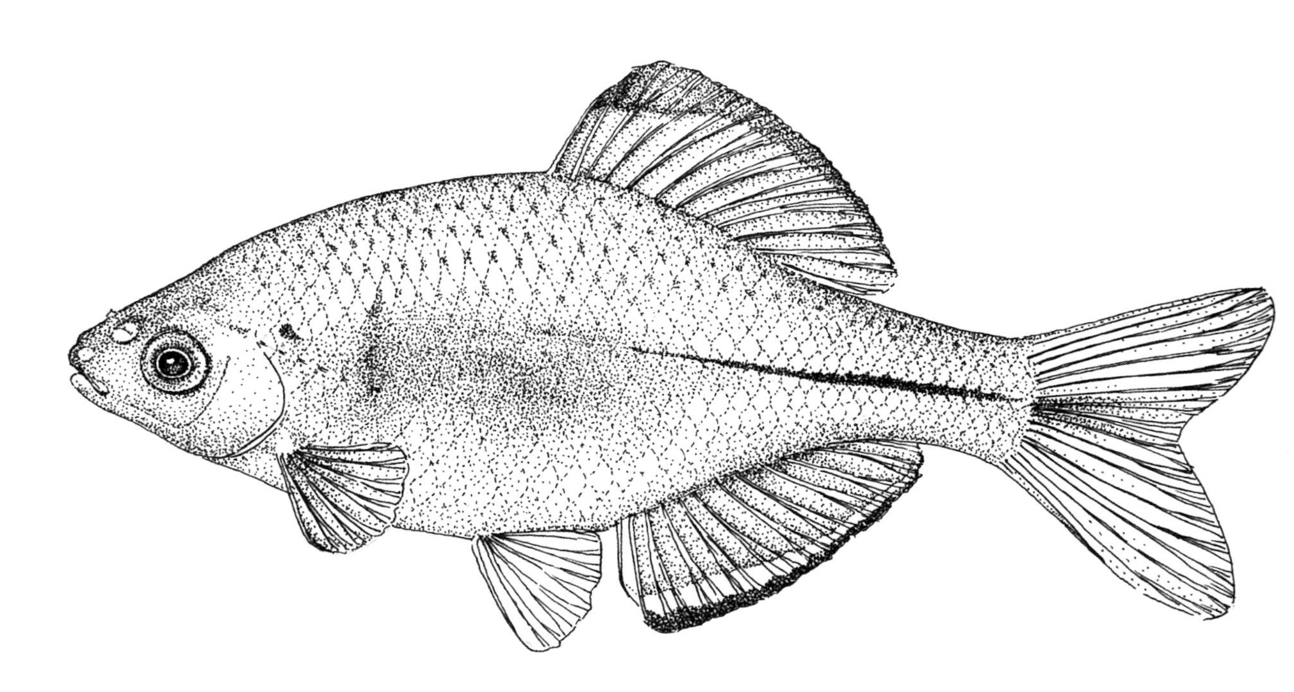

## 生物学特征

体侧扁，卵圆形。口小，端位，下颌稍长于上颌。无须。背鳍和臀鳍的最后一枚不分支鳍条基部较硬，末端柔软。侧线鳞3~7片。鳔2室，后室较前室大。腹腔膜灰黑色。生殖季节，雄鱼的吻端左右各侧有一丛白色追星，眼眶上缘也有追星，背鳍和臀鳍边缘各有一橘红色色带，臀鳍外缘还有一黑色边缘。

## 野外状况　无危

中华鳑鲏遍布全国，种群规模庞大。

## 罕见程度　低

中华鳑鲏是最常见的鱼类之一。

## 饲养难度　容易

中华鳑鲏是适应性强的小型鱼类，体质强健，对水质和溶氧没有特别要求，度夏温度建议在32℃以下。

鳑鲏类发色需要合适的光照、茂密的水中植物、干净而清洁的水质、营养全面的饲料，缺一不可。

中华鳑鲏性情温顺平和，是很好的水族箱混养品种。

# 黑龙江鳑鲏

*Rhodeus sericeus*

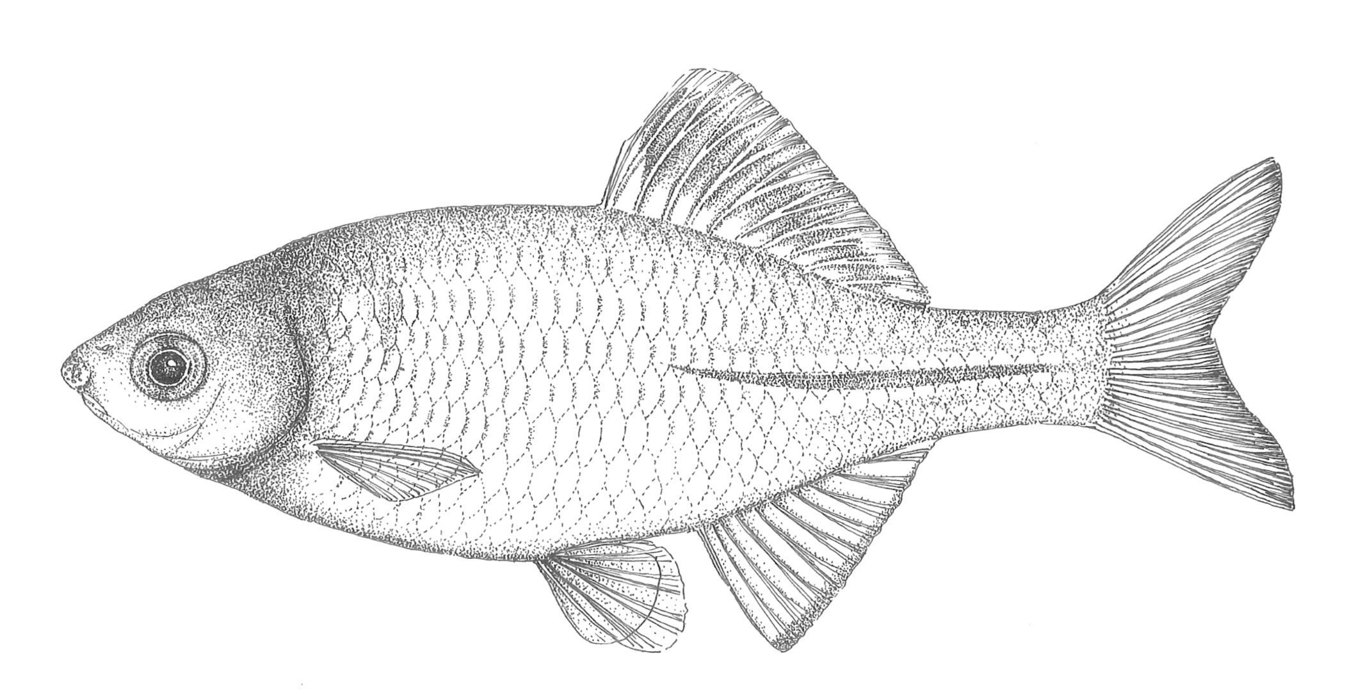

## 生物学特征

体侧扁，长卵圆形，口亚下位，口顶点在眼下缘水平线之下。发情期雄性头胸部污黑色。身体桃红色，背鳍有2列黑色斑点，不分支鳍条上部2/3染桃红色，臀鳍近全红，外缘有细黑边。腹鳍及尾鳍灰色透明。

## 野外状况　无危

黑龙江鳑鲏国内分布范围较窄，但种群规模庞大。

## 罕见程度　中

黑龙江鳑鲏广泛分布于黑龙江水系，水族市场上较为少见。

## 饲养难度　容易

黑龙江鳑鲏为适应性强的小型鱼类，体质强健，对水质和溶氧没有特别要求，度夏温度建议28℃以下。水温过高，新陈代谢变快，鱼老化快，影响其寿命。

鳑鲏类发色需要合适的光照、茂密的水中植物、干净而清洁的水质、营养全面的饲料，缺一不可。

黑龙江鳑鲏性情温顺平和，是很好的水族箱混养品种。

# 彩鱊

*Acheilognathus imberbis*

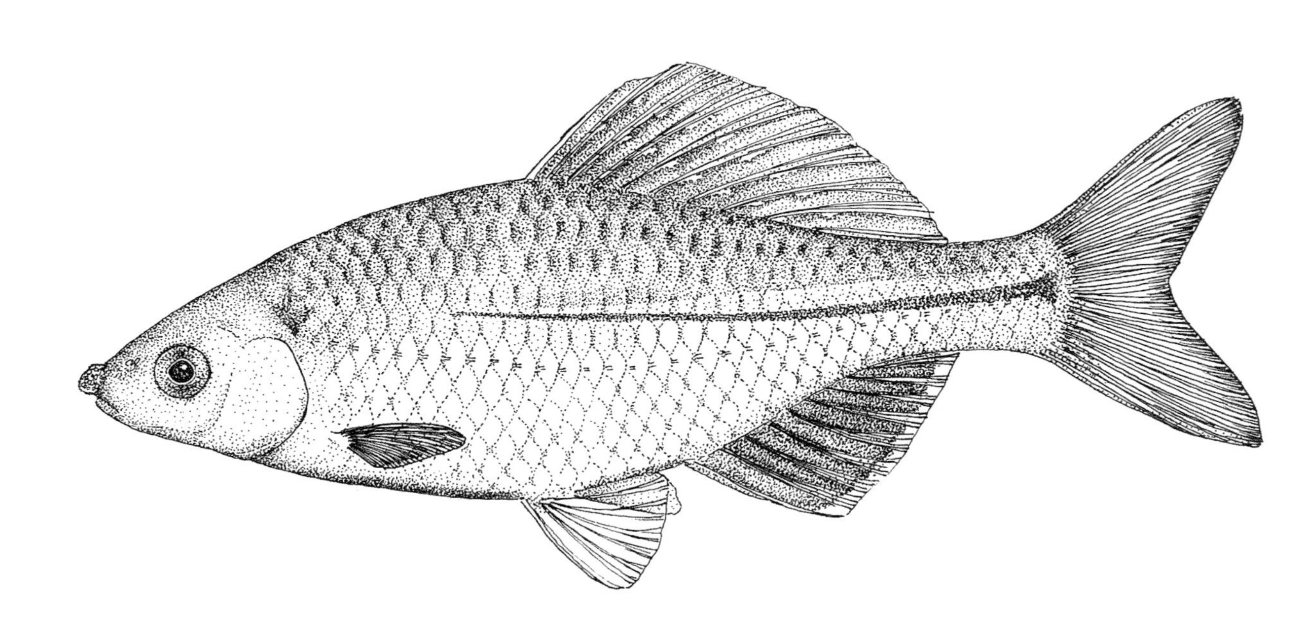

## 生物学特征

体稍长，侧扁，呈长椭圆形。头小，头长大于头高。吻短，吻长短于眼径。口小，端位，上颌末端位于眼下缘同一水平线。口角无须，或须为痕迹状。眼中大，上侧位，眼径小于眼间距。鳃孔大。鳃盖膜与峡部相连。侧线完全。体色灰白，体侧有一蓝色条纹，白肩部延伸至尾鳍基正中，繁殖季节雄鱼背鳍宽大，各鳍染珠灰色，腹鳍及臀鳍有乳白色边缘。

## 野外状况　需要关注

彩鱊对环境有一定要求，种群状况易受人类活动影响，需要对其进行关注。

## 罕见程度　中

彩鱊是分布广但较为罕见的小型鱼类，水族市场上的曝光率较低。

## 饲养难度　稍难

彩鱊是喜欢清澈干净水质的小型鱼类，对水中的污染物敏感，需要经常换水。鱼缸建议轻微造流，度夏温度建议在30℃以下。

鳑鲏类发色需要合适的光照、茂密的水中植物、干净而清洁的水质和营养全面的饲料，缺一不可。

彩鱊抢食能力和体质稍弱，混养请注意。

彩鱊 *Acheilognathus imberbis*

# 大口鱊

*Acheilognathus macromandibularis*

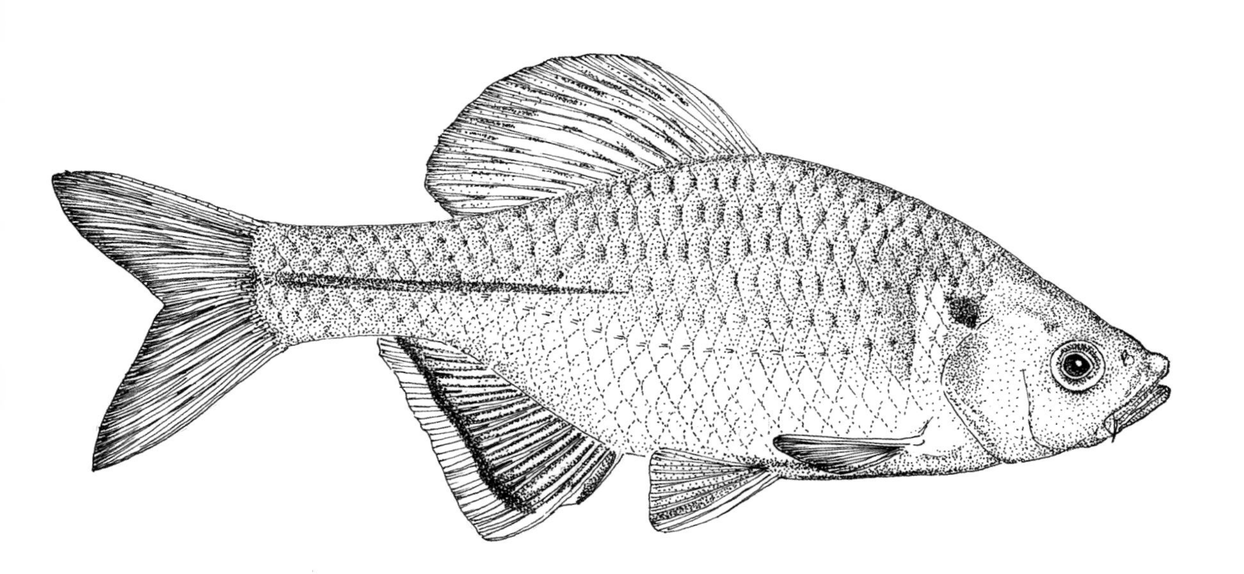

## 生物学特征

体稍延长，侧扁。头短，头后背部明显隆起。吻短钝。吻长小于眼径。口大，端位。口裂很斜，口裂后端伸达眼前缘垂线。口角须1对，须长约等于或小于眼径之半。鳃孔大。鳃盖膜与峡部相连。肩部有一深蓝色大斑点，背鳍鳍膜橘红色，腹鳍灰白色透明，有粗白边，臀鳍内鲜橘红色，外部有一黑白边缘。

**野外状况** 濒危

大口鱊分布范围狭窄，种群数目低，且环境易受人类活动干扰，需要对其生存状况进行关注。

**罕见程度** 高

大口鱊是相当罕见的物种，一年也见不到几条。

**饲养难度** 极难

大口鱊是需要凉爽清洁、溶氧丰富水质的小型鱼类，鱼缸建议轻微造流，度夏温度建议在28℃以下。大口鱊很怕缺氧，鱼缸过滤不能停，对水中的污染物也较敏感，需要经常换水。

鳑鲏类发色需要合适的光照、茂密的水中植物、干净而清洁的水质、营养全面的饲料，缺一不可。大口鱊敏感而脆弱，是最难饲养的鳑鲏品种之一。

# 斜方鱊

*Acheilognathus rhombeus*

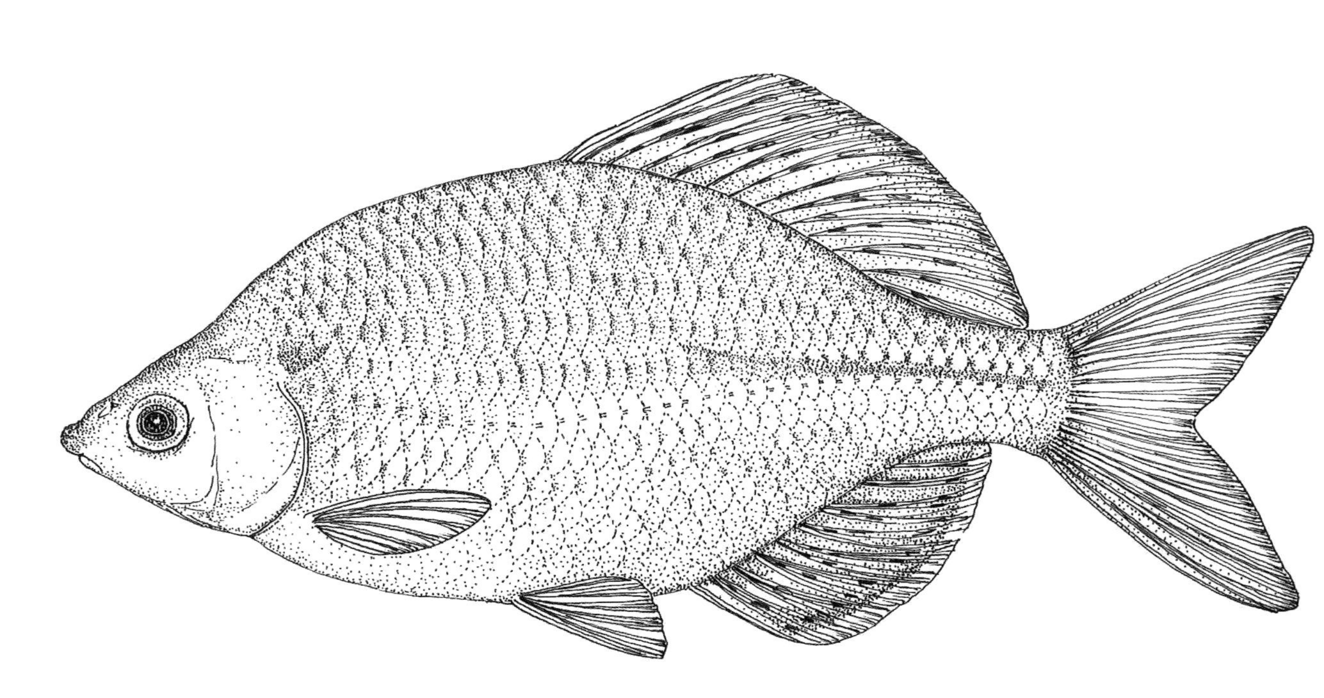

## 生物学特征

体侧扁，呈长纺锤形。口亚下位，无须。侧线完全。背鳍和臀鳍均具硬刺，腹鳍起点稍前于背鳍。繁殖期，雄鱼体呈青绿色，背鳍、腹鳍、臀鳍橘黄色，虹膜橘红色。

## 野外状况　无危

斜方鱊为分布广、数量大的物种之一。

## 罕见程度　低

斜方鱊野外种群庞大，在某些地方的饲料鱼里常年季节性地占据相当比例。

## 饲养难度　容易

斜方鱊是喜欢清澈干净水质的小型鱼类，有一定适应性，体质强健，度夏温度建议在32℃以下。

鳑鲏类发色需要合适的光照、茂密的水中植物、干净而清洁的水质和营养全面的饲料，缺一不可。

斜方鱊对同类和其他鳑鲏有轻微攻击性，混养请注意。

斜方鱊 *Acheilognathus rhombeus*

# 须鱊

*Acheilognathus barbatus*

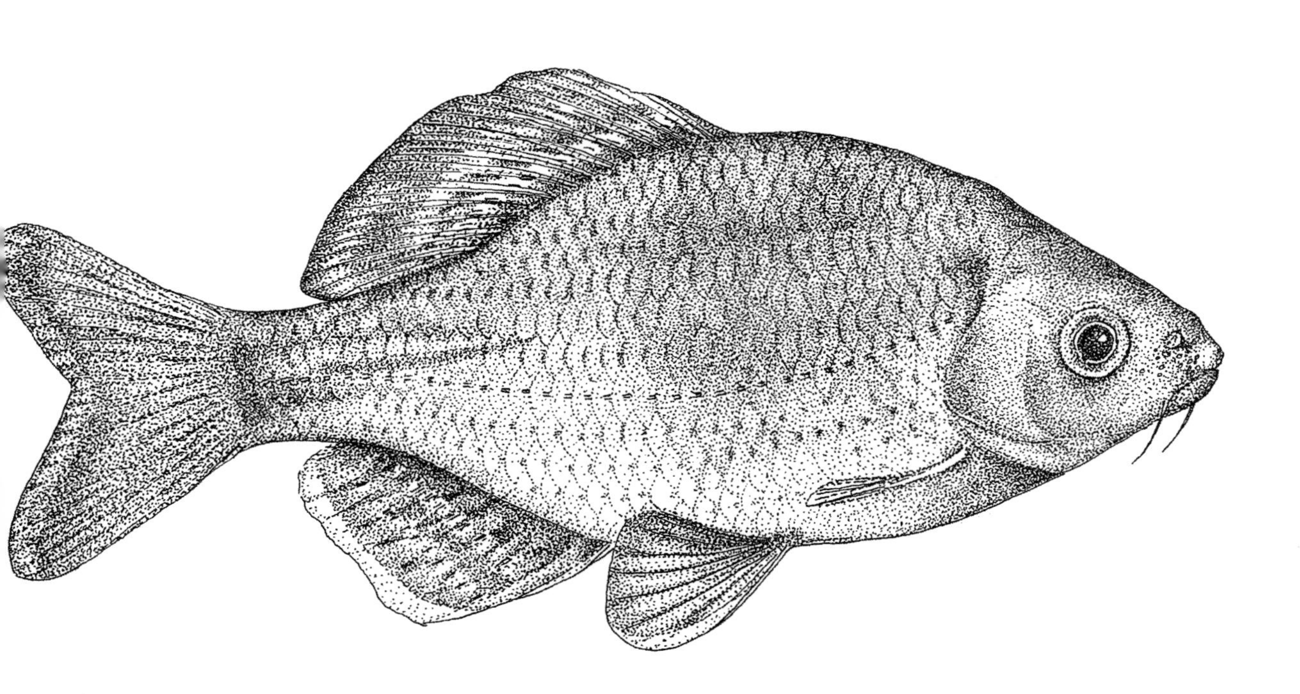

## 生物学特征

体侧扁，近卵圆形，体高约为体宽的2.8倍，头较短，头长和头高几相近，吻圆钝，通常接近眼径或稍小，口小，亚下位，口角须1对，约有眼径长，侧线完全，行至腹鳍对应处略下弯，继入尾中央。繁殖季节，雄鱼体色砖红色，背鳍橘红色，腹鳍及臀鳍淡灰色透明，有粗白边。

## 野外状况　需要关注

须鱊对环境有一定要求，种群状况易受人类活动影响，需要对其进行关注。

## 罕见程度　高

须鱊为分布广但罕见的小型鱼类，水族市场上的曝光率较低。

## 饲养难度　一般

须鱊是喜欢清澈干净水质的小型鱼类，对水中的污染物敏感，需要经常换水。鱼缸建议轻微造流，度夏温度建议在30℃以下。

鳑鲏类发色需要合适的光照、茂密的水中植物、干净而清洁的水质和营养全面的饲料，缺一不可。

须鱊对同类和其他鳑鲏有轻微攻击性，混养请注意。

# 革条副田鳑

*Paratanakia himantegus himantegus*

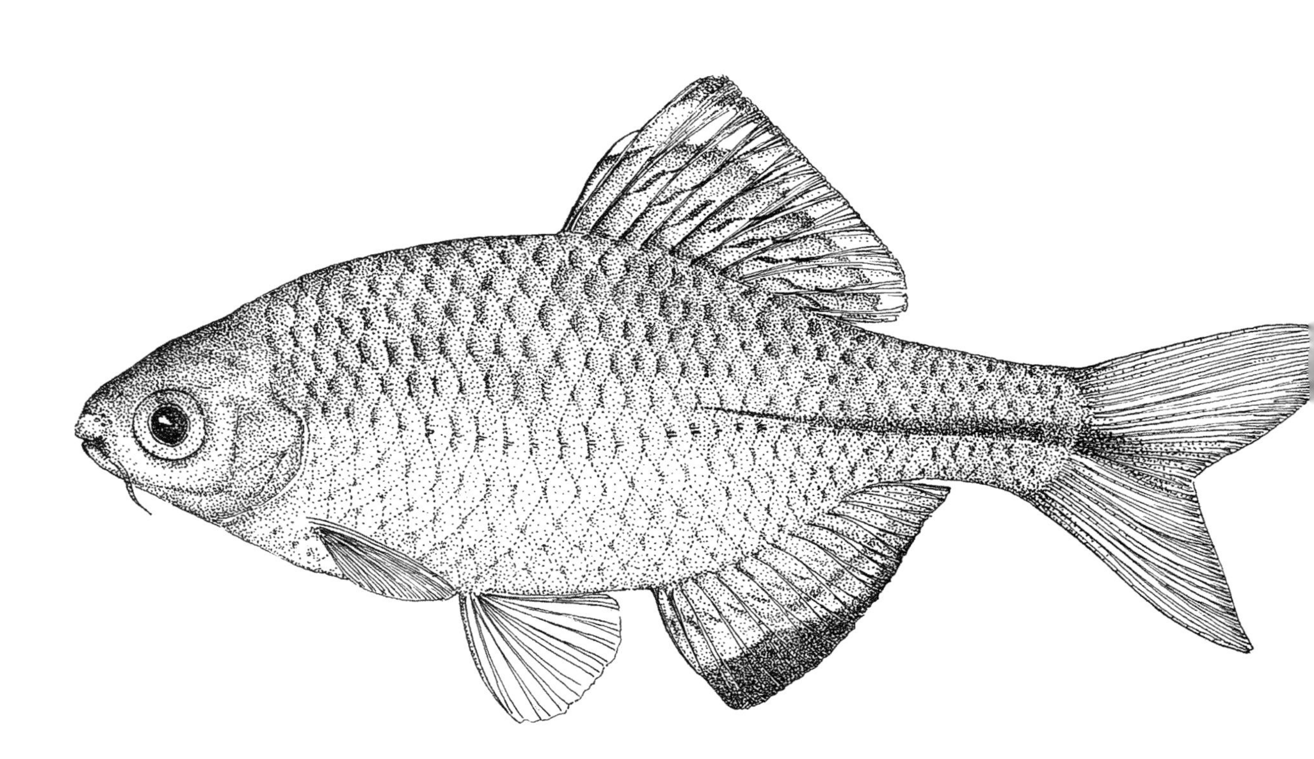

## 生物学特征

体延长而侧扁，头短小。吻短而钝圆。口小，下位。有须1对。体被中大型的圆鳞；侧线完全而略呈弧形，侧线鳞数33~35。各鳍均无硬棘。雄鱼体色较亮丽，体侧鳞片后缘均有黑边，呈网格状花纹。体侧中央由臀鳍末端至尾鳍中央具一黑色纵带，繁殖季时，雄鱼体侧橘黄色，背鳍末缘黄色，臀鳍末缘黑色，内缘红色并排；具追星。

## 野外状况　需要关注

革条副田鱎对环境有一定要求，某些地方的种群受到外来物种的严重影响，需要对其生存状况进行关注。

## 罕见程度　高

革条副田鱎仅产于中国台湾省，偶尔出现在水族市场上。

## 饲养难度　容易

革条副田鱎是喜欢清澈干净水质的小型鱼类，有一定适应性，体质强健。度夏温度建议在32℃以下。

鳑鲏类发色需要合适的光照、茂密的水中植物、干净而清洁的水质和营养全面的饲料，缺一不可。革条副田鱎在人工饲养条件下发色较其他鳑鲏容易。

革条副田鱎对同类和其他鳑鲏有稍强的攻击性，混养请注意。

季宇超拍摄

革条副田鳑 *Paratanakia himantegus himantegus*

# 齐氏副田鱊

*Paratanakia himantegus chii*

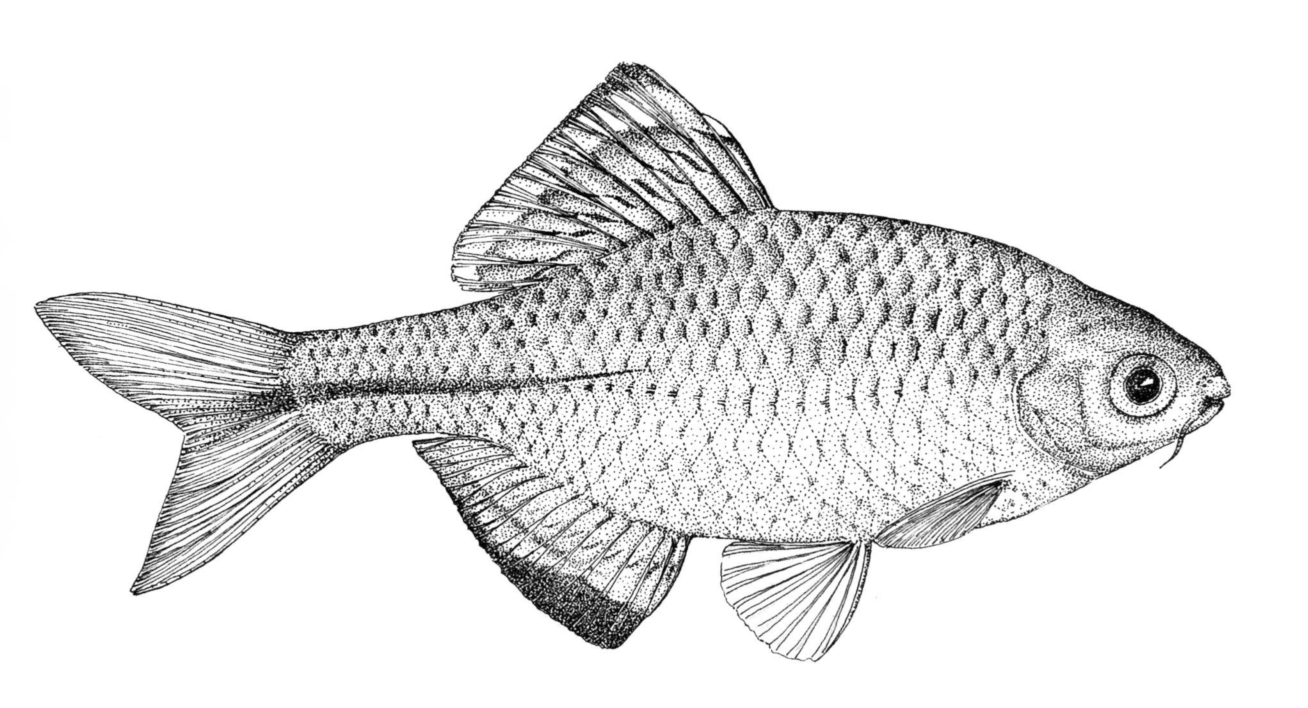

## 生物学特征

体延长而侧扁，头短小。吻短而钝圆。口小，下位。有须1对。体被中大型的圆鳞；侧线完全而略呈弧形，侧线鳞数33～35。各鳍均无硬棘，雄鱼体色较亮丽，体侧鳞片前后缘均有黑边，呈网格状花纹。体侧中央由臀鳍末端至尾鳍中央具一黑色纵带，繁殖季时，雄鱼体侧橘黄，腹部染污黑，背鳍末缘黄色，臀鳍末缘黑色，内缘红色并排；具追星。

## 野外状况　需要关注

齐氏副田鳑对环境有一定要求，某些地方的种群受到人类活动的严重影响，需要对其生存状况进行关注。

**罕见程度** 低

齐氏副田鱎是因美丽而出名的物种，在水族市场上有一定的曝光率。

**饲养难度** 容易

齐氏副田鱎是喜欢清澈干净水质的小型鱼类，有一定适应性，体质强健。度夏温度建议在32℃以下。

鳑鲏类发色需要合适的光照、茂密的水中植物、干净而清洁的水质、营养全面的饲料，缺一不可。副田鱎属在人工饲养条件下发色较其他鳑鲏容易。齐氏副田鱎对同类和其他鳑鲏有稍强的攻击性，混养请注意。

不同产地种群有不同的色彩表现，或许是不同种类，有待研究。

# 越南鱊

*Acheilognathus tonkinensis*

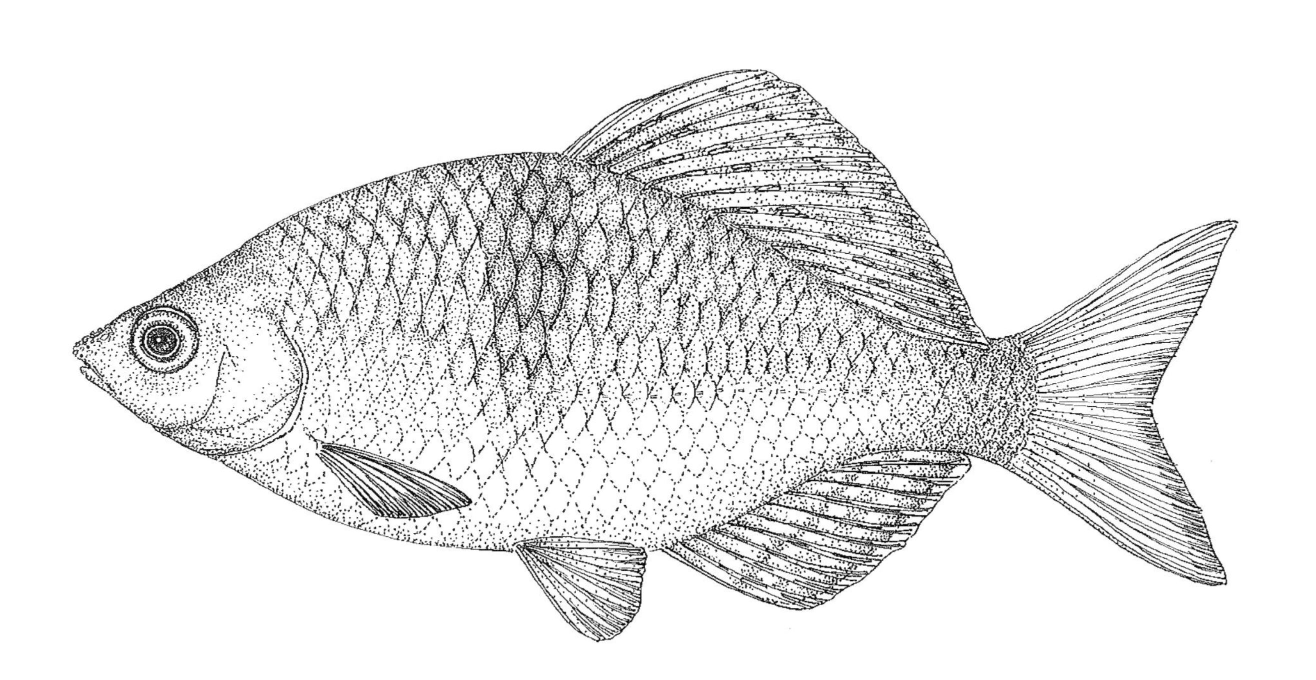

## 生物学特征

体侧扁而高，外形呈卵圆形，头后背特隆起，口亚下位，略呈马蹄形，口角须1对，长约为眼间距的1/2或更短。发情期雄性背部蓝绿色，背鳍前下方至侧线处有一宽淡黑斑，胸腹部泛桃红色，背鳍及臀鳍有2列白色斑点，臀鳍外缘有一外白内黑的色带，尾柄及尾鳍鲜红色。

## 野外状况　无危

越南鱊分布广，数量大。

## 罕见程度　低

越南鱊野外种群庞大，为岭南地区最常见的鱼类之一。

## 饲养难度　容易

越南鱊为喜欢清澈干净水质的小型鱼类，有一定适应性，体质强健，度夏温度建议28℃以下。水温过高，新陈代谢变快，鱼老化快，影响其寿命。

鳑鲏类发色需要合适的光照、茂密的水中植物、干净而清洁的水质、营养全面的饲料，缺一不可。越南鱊对同类和其他鳑鲏有轻微攻击性，混养请注意。

# 光倒刺鲃

*Spinibarbus hollandi*

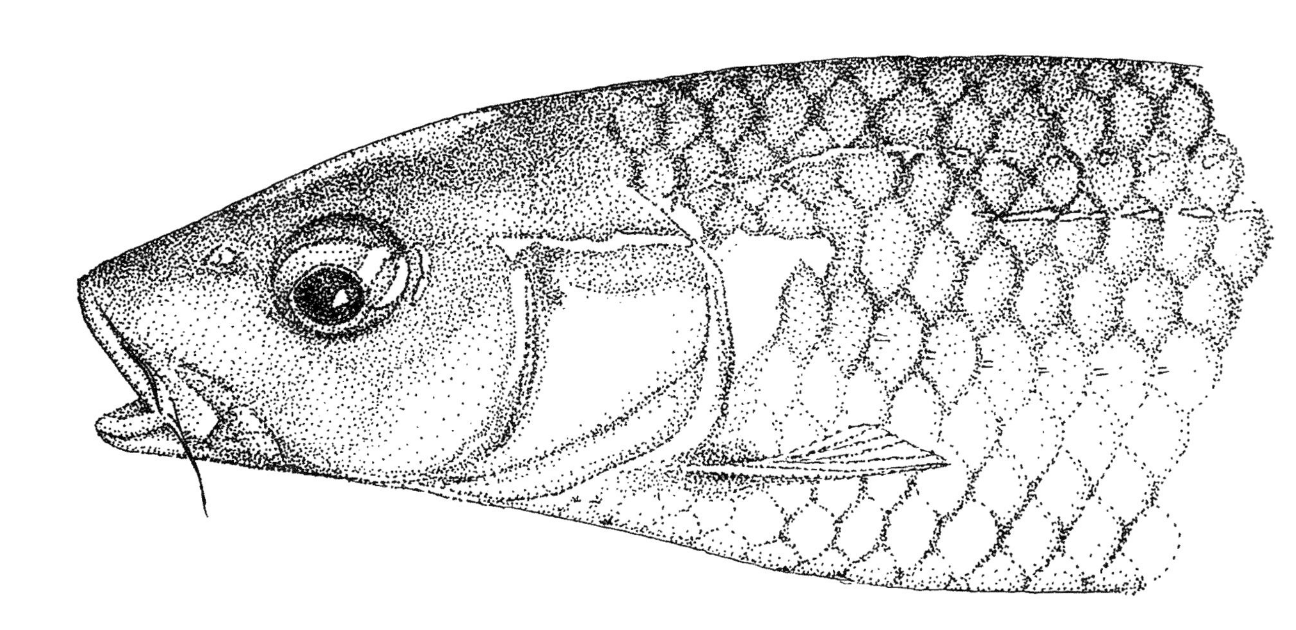

## 生物学特征

体延长，前邻近圆筒形，后部侧扁。背腹缘均为浅弧形。吻圆钝，吻皮止于上唇基部，与上唇分离。须2对，较发达，吻须可达眼前缘，口角须略长于吻须，接近或达眼后缘。背鳍起点前有一向前平卧倒刺。

## 野外状况　无危

光倒刺鲃是南方较为清洁的小河流里的顶级掠食者之一，也是常见饲养的食用鱼。

## 罕见程度　低

光倒刺鲃是南方常见饲养的食用鱼，但幼苗在市面上稍微少见。

## 饲养难度　一般

光倒刺鲃作为强健的大型掠食鱼类，只要空间大小足够，水质清洁就很好饲养，建议用一米以上鱼缸饲养，鱼缸有造流会更好，因其会跳缸，鱼缸建议加盖。

光倒刺鲃为杂食性并有强食鱼性，从一般的颗粒饲料到鲜活小鱼都可以接受，有一定的攻击性和吞噬能力，会追咬混养鱼类，吃掉较小的鱼，混养请注意。

# 光唇鱼

*Acrossocheilus fasciatus*

## 生物学特征

体细长，侧扁，头后背部稍隆起，腹部圆而呈浅弧形。头中等大，侧扁，前端略尖。吻圆钝，吻褶短，未掩盖上唇，边缘光唇；成体吻部具粒状角质突起。口下位，马蹄形。

## 野外状况　无危

光唇鱼分布广，适应力强，野外种群庞大。

## 罕见程度　低

光唇鱼是很出名且常见的山溪鱼类，水族市场上有时能见到。

## 饲养难度　一般

光唇鱼为喜欢清澈干净水质的中小型鱼类，适应性强，对水温要求不高，度夏温度建议在32℃以下。鱼缸建议造流，会更出彩。

光唇鱼是出名的脾气暴躁的物种，攻击性强且十分好斗，混养请非常注意！杂食性，可以接受大部分饵料。

# 长鳍虹彩光唇鱼

*Masticbarbus longipinnis*

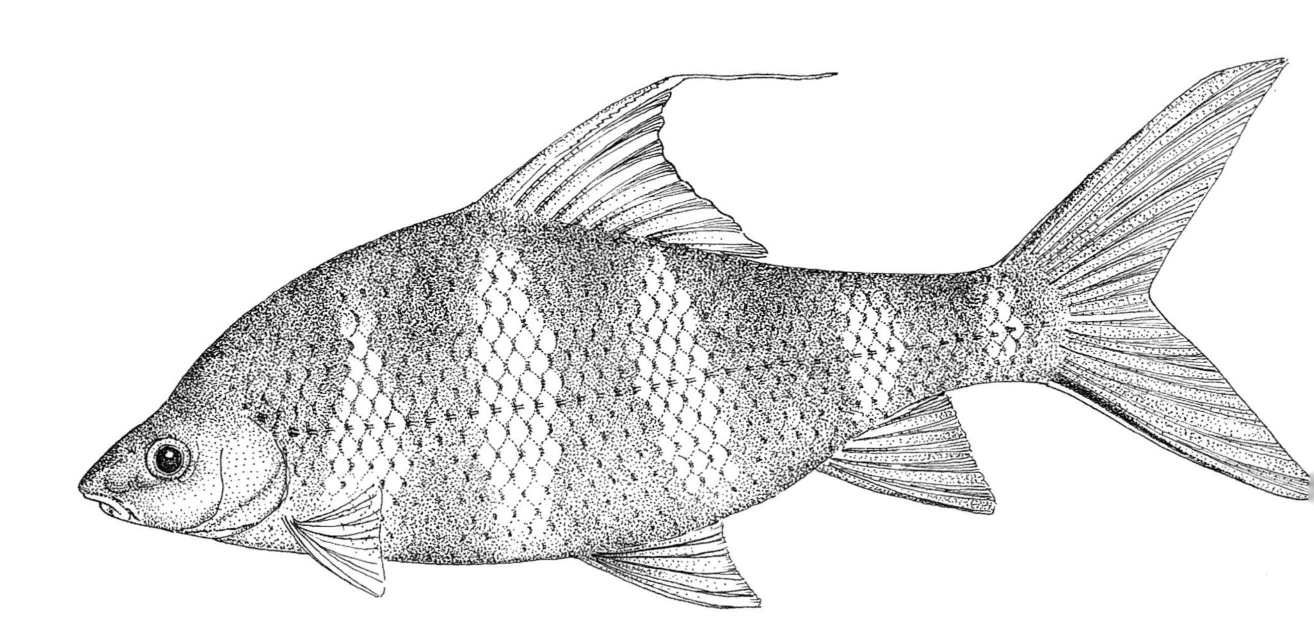

## 生物学特征

体高，侧扁，背缘显著隆起，腹部圆，尾柄细。头尖，头长小于体高。吻突出，吻长稍短于或等于眼后头长。口小，下位。下唇分左右两侧瓣，较发达。须2对，口角须稍长。背鳍末根不分支鳍条为硬刺，末端柔软，后缘具锯齿，体侧具5条黑色垂直宽带。

## 野外状况　需要关注

长鳍虹彩光唇鱼分布范围比较狭窄，某些地方的种群受到河流污染、截流枯竭、滥捕等威胁，需要对其生存状况进行关注。

## 罕见程度　高

除了主产区外并不常见，也很少出现在水族市场上。

## 饲养难度　一般

长鳍虹彩光唇鱼是喜欢清澈干净水质的中型鱼类，适应性强，度夏温度建议30℃以下。饲养环境有造流状态会更好一些。个体稍大，建议80厘米以上鱼缸饲养。

长鳍虹彩光唇鱼杂食性且性格温顺，是不错的水族箱混养品种，可以接受各种饲料。

# 条纹小鲃

*Puntius semifasciolatus*

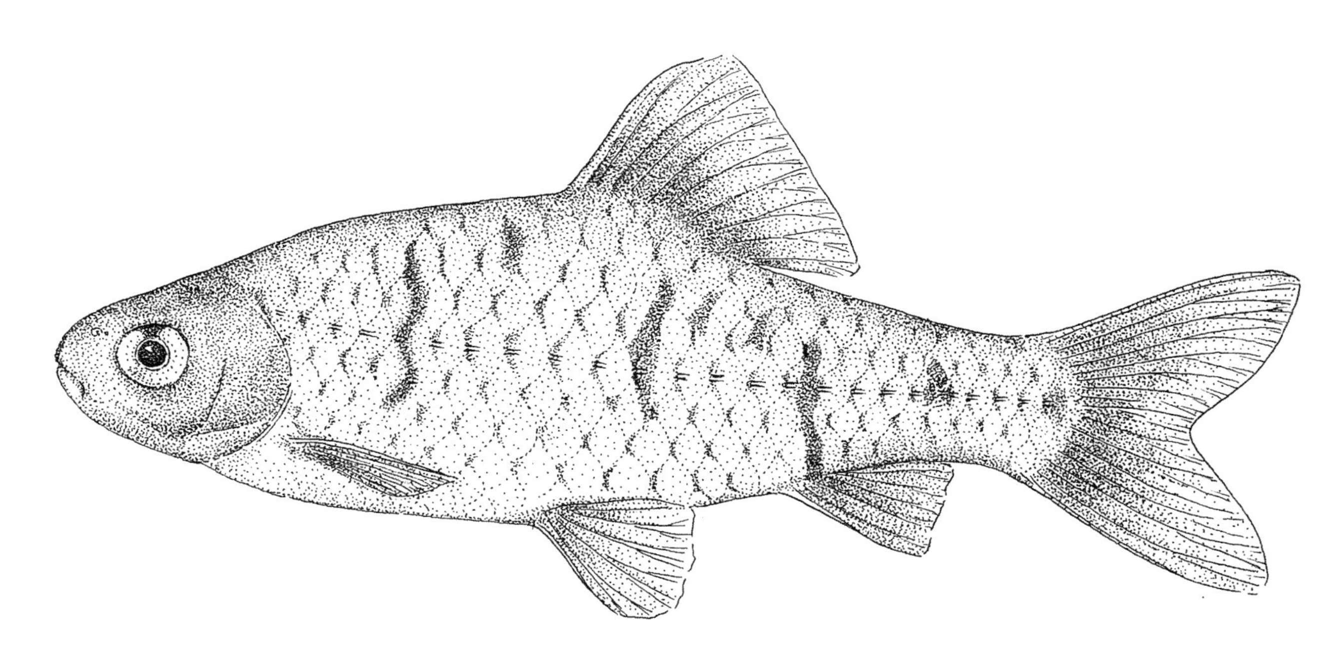

## 生物学特征

体侧扁，呈纺锤形，须1对，眼上方具红色光泽，鳞片大。鱼体呈银青色，背部颜色较深，腹部金黄，体侧具4条黑色横纹及若干不规则小黑点。尾鳍叉形，雄鱼的背鳍边缘及尾鳍带橘红色。

## 野外状况　无危

条纹小鲃为适应力强、繁殖力高的小型鱼类，在分布区种群庞大而常见。

## 罕见程度　低

条纹小鲃为南方常见河沟鱼类，水族市场上也经常能见到。

## 饲养难度　容易

条纹小鲃是适应力很强的小型鱼类，耐高温和低温，耐轻度水质污染，对水质和溶氧没有特别要求，杂食性，极易饲养。

条纹小鲃性情温顺平和，是很好的水族箱混养品种，不过要注意它会吃小虾，不建议养在虾缸中。

# 麦穗鱼

*Pseudorasbora parva*

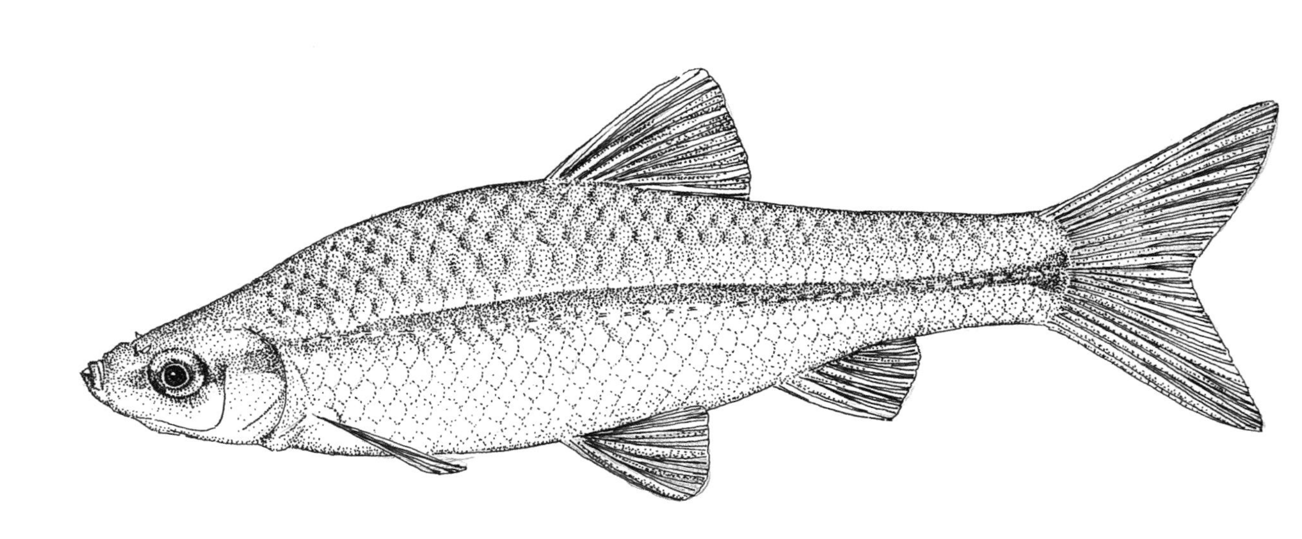

## 生物学特征

头尖，略平扁。口上位。无须。背鳍无硬刺。生殖时期，雄鱼体色深黑，吻部、颊部出现追星。雄鱼个体大，雌鱼个体小，差别明显。卵椭圆形，具黏液。孵化期，雄鱼有守护的习性。

## 野外状况　无危

麦穗鱼遍布全国，种群规模庞大。

## 罕见程度　低

麦穗鱼是最常见的鱼类之一。

## 饲养难度　容易

麦穗鱼为适应性强的小型鱼类，体质强健，对水质和溶氧没有特别要求。度夏温度建议在32℃以下。

麦穗鱼有一定攻击性，不建议与过小的鱼类混养。

# 长麦穗鱼

*Pseudorasbora elongata*

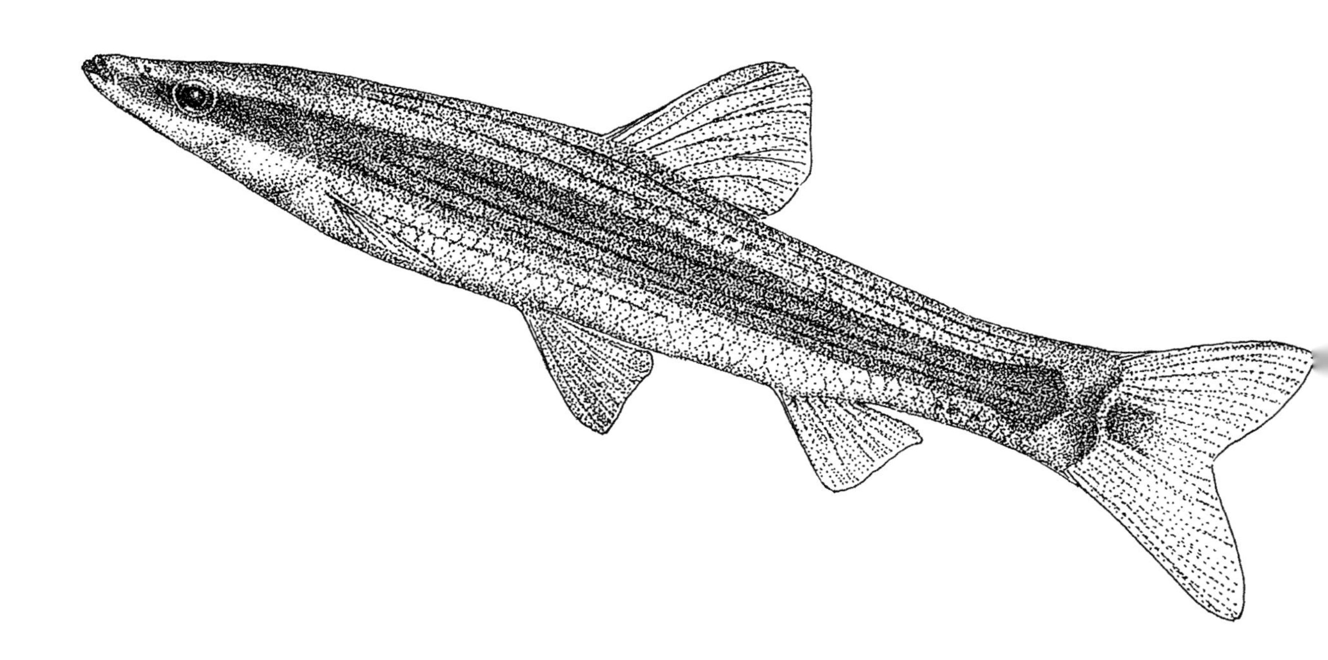

## 生物学特征

体纤细，头小，吻尖细，平扁。口极小，上位，口裂几近垂直。唇薄，无须。鼻孔小，近眼。侧线平直，侧线鳞43~45个。背鳍起点位于体中央。体银灰略暗，中轴宽黑纹自吻端达尾，其上方具4条细黑纵纹，背中央1条。背、尾鳍具零散小黑点，尾鳍具一大黑斑。

## 野外状况　近危

长麦穗鱼分布范围较狭窄，产地还有一定数量，种群生活状况容易受到人类活动干扰。

## 罕见程度　中

长麦穗鱼是原生鱼类中的明星物种，一直受到原生鱼爱好者的关注。

## 饲养难度　稍难

长麦穗鱼是性情羞怯且胆小的物种，饲养环境要有一定的水草、沉木类躲避物，需要凉爽清洁、溶氧丰富的水质，建议轻微造流。建议80厘米以上鱼缸饲养，度夏温度建议在28℃以下。

长麦穗鱼抢食能力弱，不建议和抢食太强的鱼类混养，新来的鱼可能藏起来很长时间不开口，要维持鱼缸环境的安静稳定。

长麦穗鱼有一定的攻击性，会攻击小鱼，混养请注意。

# 马口鱼

*Opsariichthys bidens*

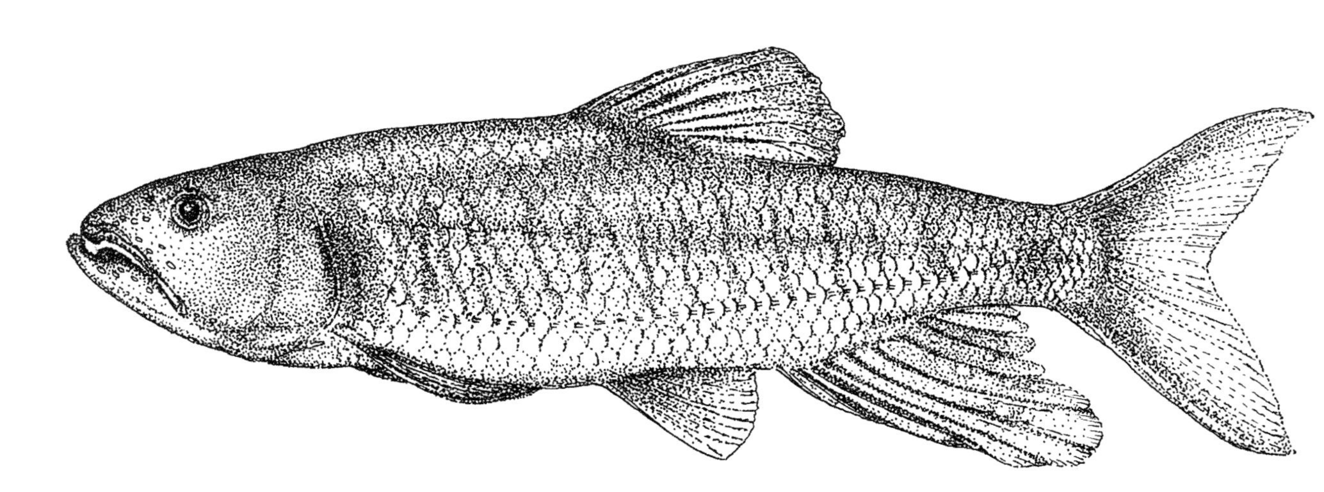

## 生物学特征

体长而侧扁，腹部圆。吻长，无口须，下颌前端有一显著突起与上颌中部凹陷相对，眼较小。鳞细密，侧线在胸鳍上方，沿体侧下部向后延伸，于臀鳍之后逐渐回升到尾柄中部。臀鳍发达，尾鳍深叉，背鳍短小。体背部灰黑色，腹部银白色，体侧有10～14条浅蓝色垂直条纹，胸鳍、腹鳍和臀鳍为橙黄色。

## 野外状况　无危

马口鱼对环境有一定要求但不高，遍布中国各大河流、水库。

## 罕见程度　低

常见的游钓鱼类，除西藏、新疆外，全国各地均有，分布广，数量大。

## 饲养难度　一般

马口鱼有一定环境适应能力，需要凉爽清洁、溶氧丰富的水质。建议用一米以上鱼缸饲养，度夏温度建议在30℃以下，要出状态需要足够强的光照和水流，建议鱼缸配备造流器并24小时开启。鱲类都是跳缸“爱好者”，鱼缸一定要加盖。杂食性，从米饭到小鱼来者不拒，也容易接受各种饲料。值得注意的是，饵料对其发色的影响不如光照和水流大，为了发色不必刻意追求增色饲料。马口鱼有较强的食鱼性和吞噬力，不要和小鱼混养。

# 长鳍马口鱲

*Opsariichthys evolans*

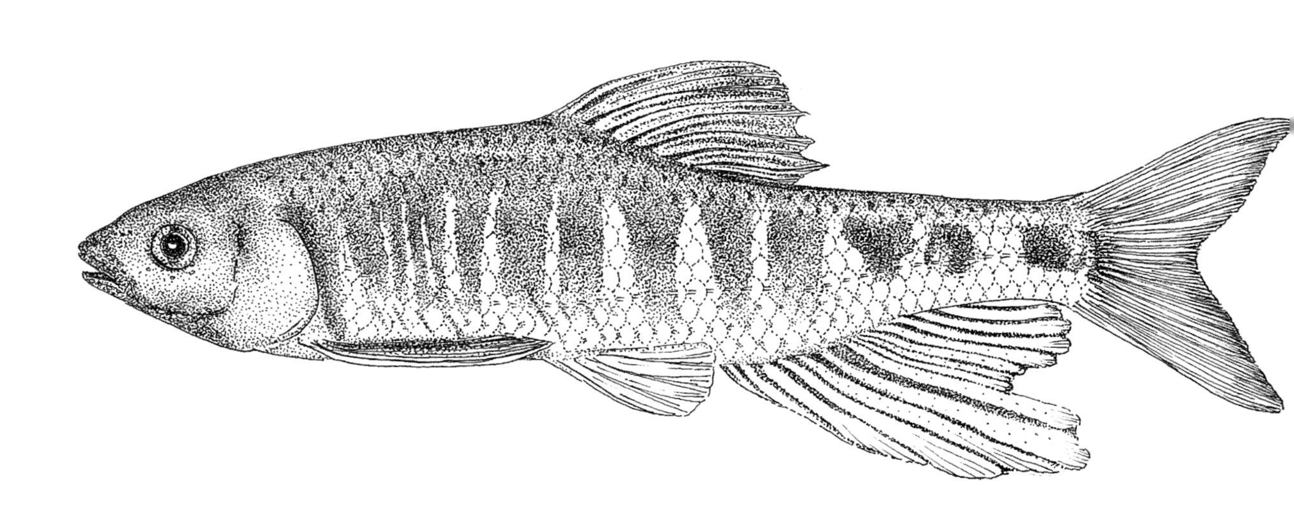

## 生物学特征

条纹密度比较不均匀，前密后疏，身体瘦削，头部比较尖，发情顶点雄鱼胸鳍超过腹鳍起点。

## 野外状况　无危

长鳍马口鱲是一个分布广、有一定适应力的物种，野外种群庞大，不过近些年在各地河流被污染破坏的情况下，部分地区种群有所下降。

## 罕见程度　低

一个出名且美丽的物种，分布范围广，种群数量高，一直是水族市场上的明星之一。

## 饲养难度　一般

长鳍马口鱲是体质中等的鱲类，相比较宽鳍鱲，长鳍马口鱲对水中的废物更为敏感。需要凉爽清洁、溶氧丰富的水质，建议80厘米以上鱼缸饲养，度夏温度建议在30℃以下，要出状态需要足够强的光照和水流，建议鱼缸配备造流器并24小时开启。鱲类都是跳缸爱好者，鱼缸一定要加盖。

杂食性，可以很好地接受绝大部分饵料，吃各种水生小生物以及食物碎屑，一般长度为10~15厘米。有弱食鱼性，不建议同太小的鱼混养。

季宇超拍摄

长鳍马口鱲 *Opsariichthys evolans*

# 华鳈

*Sarcocheilichthys sinensis*

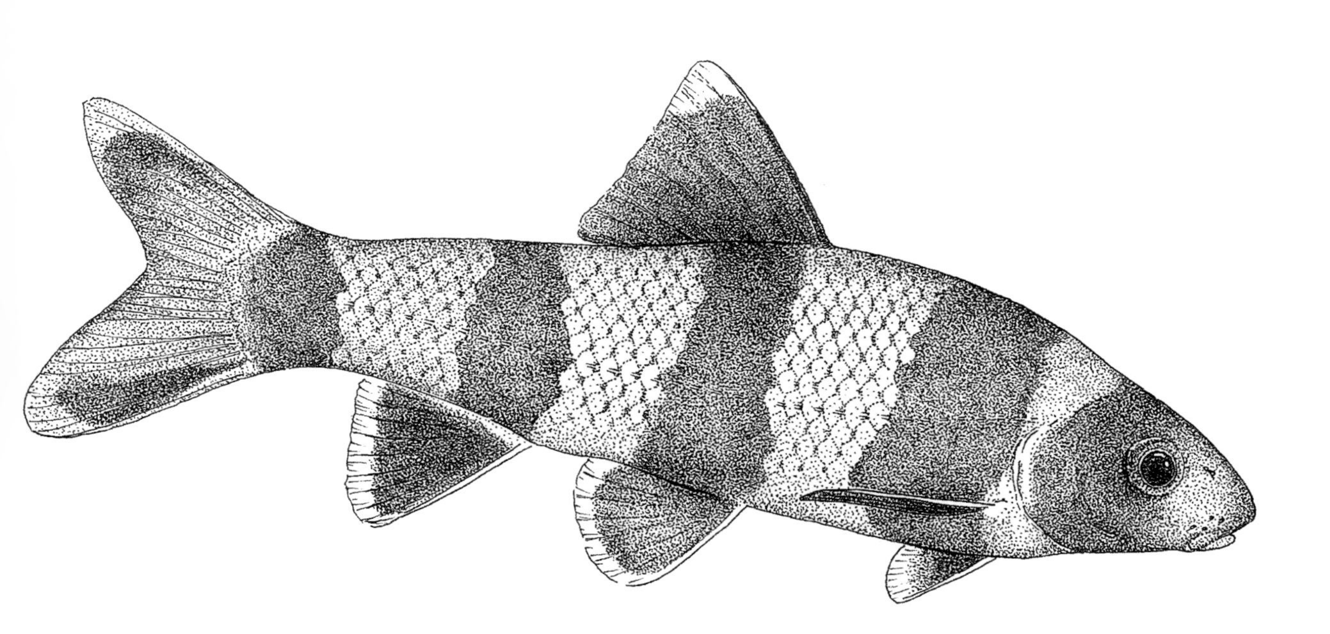

## 生物学特征

体形侧扁，头后背部隆起，腹部圆。头短小。吻稍突出，前端圆钝。口小，下位，略呈马蹄形。唇稍厚，下唇限于口角处，唇后沟中断，其间相隔较宽。下颌前缘有发达的角质边缘。口角具须1对，较短，细弱。鳃耙短小，排列稀疏。体侧有数条黑色宽横斑，老年后会逐渐散成黑色斑点。

## 野外状况　无危

华鳈属于分布广数量大的鱼类，较强的适应性保证了较健康的种群。

## 罕见程度　低

华鳈是我国中部到南方很多大江河湖泊之常见鱼类，较为适应大江河湖泊环境，在山溪小河不太常见。

## 饲养难度　一般

华鳈为体质强健的中小型鱼类，对水质、溶氧及温度等都没有特别要求，清洁并有造流状态会更好一些，个体稍大的建议60厘米以上鱼缸饲养。

华鳈为杂食性且性格温顺，是不错的水族箱混养品种，可以接受各种饲料，偶尔会追咬其他鱼类，但不常发生。

# 小鳈

*Sarcocheilichthys parvus*

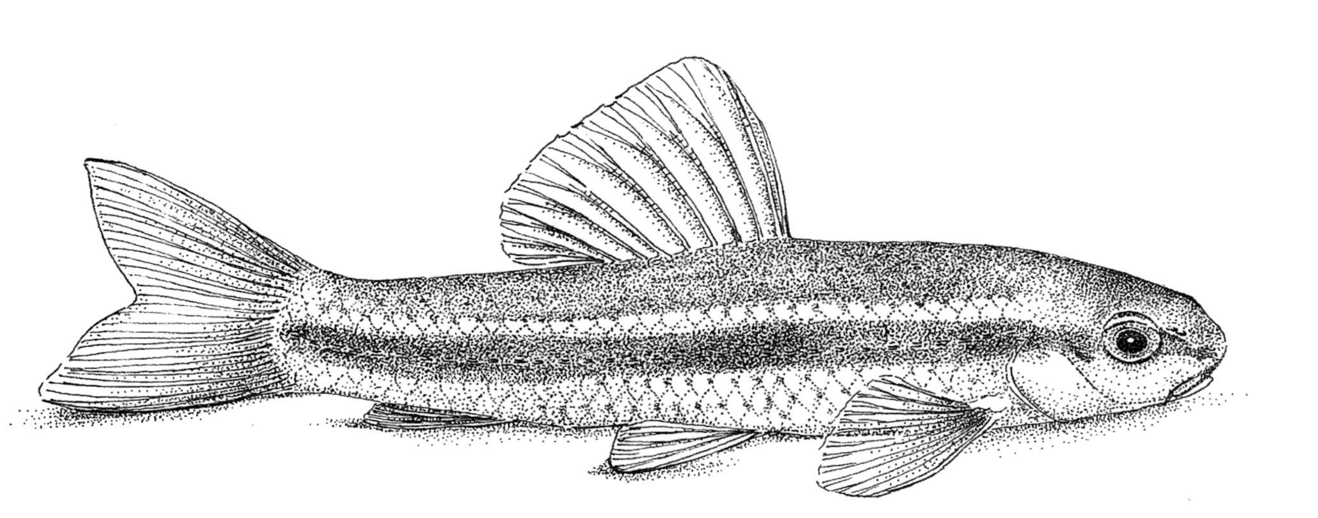

## 生物学特征

背鳍无硬刺，鳍条较长，外缘平截或微凸。胸鳍较短，后缘圆钝，末端可伸至其基部至腹鳍起点间的3/4处。腹鳍起点稍后于背鳍起点，后缘亦呈圆钝。臀鳍外缘平截。尾鳍分叉浅，上、下叶末端稍圆。肛门在腹鳍基与臀鳍起点间的中点或略近腹鳍。

## 野外状况　需要关注

小鳈喜清澈凉爽的水质，现如今在各地河流开发的情况下，部分地方种群受到河流污染、截流枯竭、滥捕等威胁。

## 罕见程度　中

小鳈分布范围较广，但很多地方不易见到，种群密度大而集中的产地稍少。

## 饲养难度　一般

小鳈是喜欢清澈干净水质的小型鱼类，有造流会更好，夏季温度不可太高，30℃以下为佳。

小鳈脾气稍暴躁，同种之间常常打斗，饲养密度不建议太高，另外会攻击虾虎鱼和虾，混养请注意此点。杂食性，可以接受各种饲料。

# 伦氏孟加拉鲮

*Bangana rendahli*

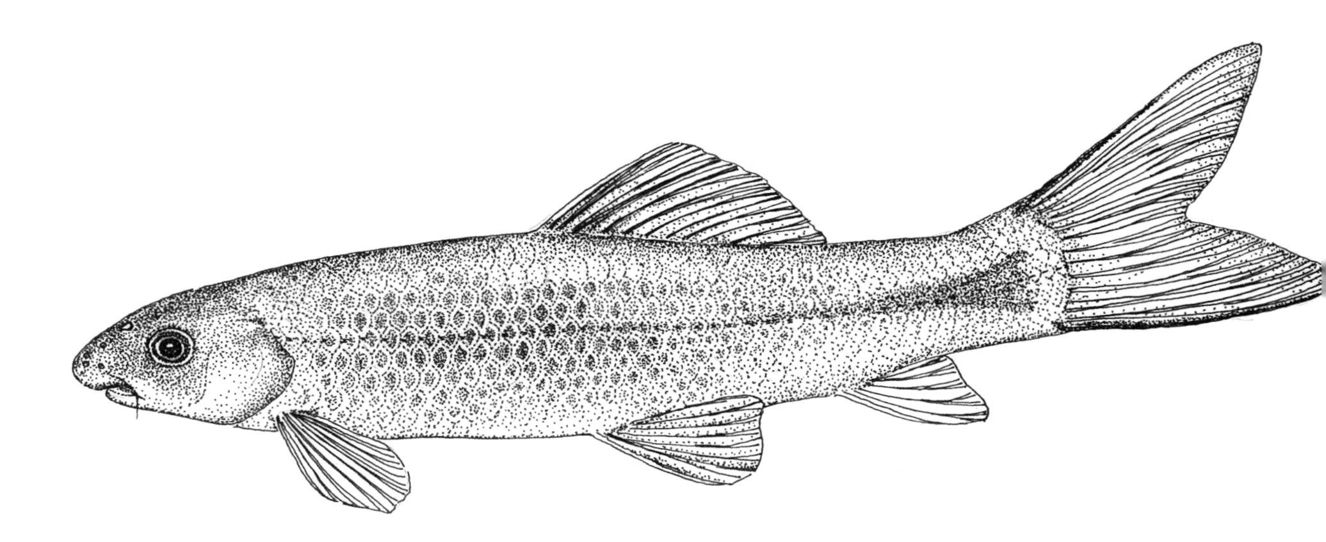

## 生物学特征

体长，略呈棒状，尾柄高而宽厚。吻钝圆而突出，口下位，横裂。上唇前部光滑，下唇与下颌分离，其间有一深沟相隔。体背及体侧青黑色，鳞片紫绿色夹有红色，并具金属光泽；腹部微黄，各鳍灰黑色。

## 野外状况　需要关注

某些地方的种群受到河流污染、截流枯竭、滥捕等威胁，需要对其生存状况进行关注。

## 罕见程度　高

伦氏孟加拉鲮虽然已经进行人工养殖，但水族市场上不常见。

## 饲养难度　一般

伦氏孟加拉鲮为喜欢清澈干净水质的中型鱼类，度夏要求水温在30℃以下，鱼缸建议造流，个体稍大的建议用60厘米以上鱼缸饲养。

杂食性且性格温顺，是不错的水族箱混养品种，可以接受各种饲料，偶尔会追咬其他鱼类，但不常发生。

# 东方墨头鱼

*Garra orientalis*

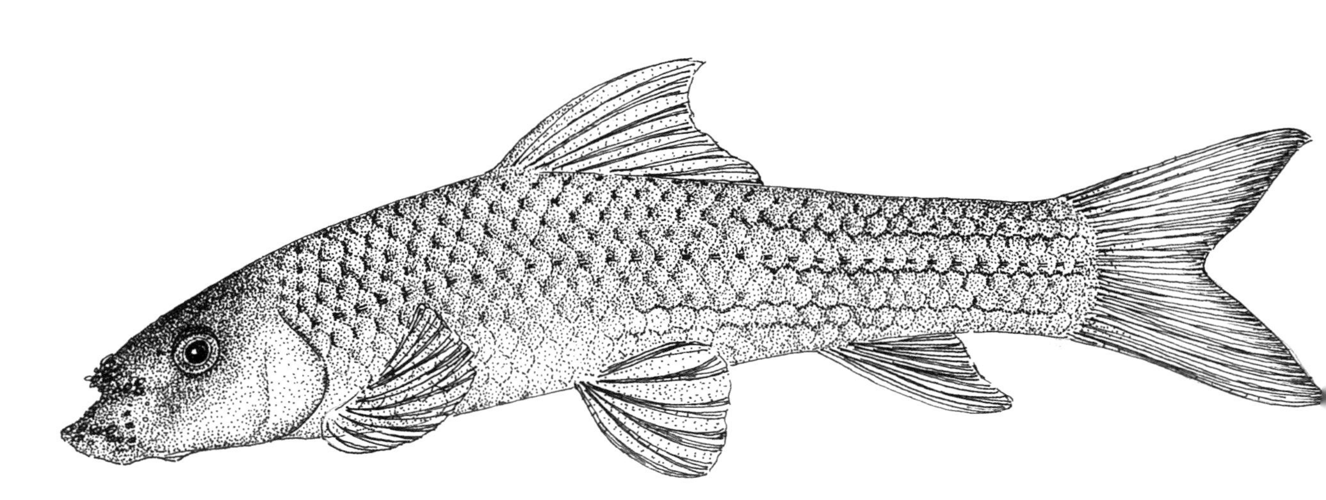

## 生物学特征

体长，圆筒形，腹部扁平，尾部侧扁。须2对，吻须较眼径为短，口角须更短小。头宽，吻圆钝，前端有很多粗糙的角质突起。鼻前深陷，将吻分作两部，并具发达追星。背鳍无硬刺。体背深黑色，腹部灰白，各鳍灰黑色，略带橙色，幼鱼橙色较显著；体侧每个鳞片后部均有一黑斑。

## 野外状况 无危

东方墨头鱼分布较广，种群规模较大。

## 罕见程度 低

产区菜市场一般均能找到，也有流入水族市场作为观赏鱼贩卖的。

## 饲养难度 一般

东方墨头鱼为喜欢清澈干净水质的小型鱼类，鱼缸建议造流，度夏温度建议在32℃以下。

杂食性，对各种人工饵料均能很好接受，会啃食缸壁上的藻类。若有饲料吃，通常很少再吃藻了。

东方墨头鱼有领域性，会占据鱼缸中的沉木或者岩石作为领地，驱赶攻击接近的鱼类，饲养时请注意这点，不建议与太柔弱的鱼类混养，有可能会造成伤亡。

过水和入缸的前几天，跳缸概率极高，鱼缸一定要加盖。

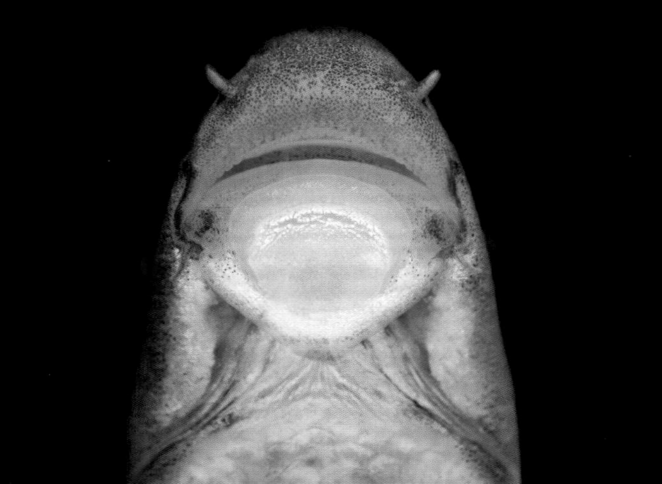

# 建德小鳔鮈

*Microphysogobio tafangensis*

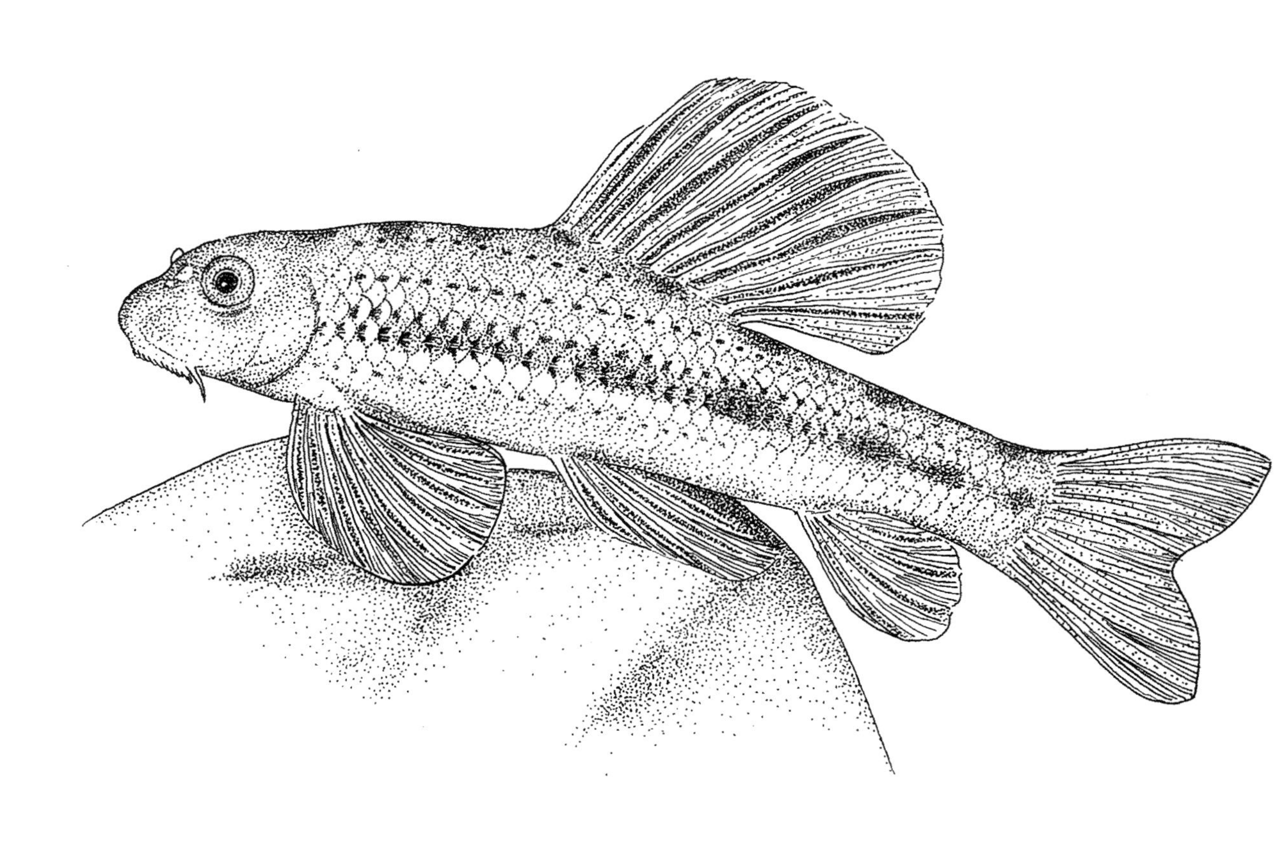

## 生物学特征

体长，头略粗壮，后背部稍隆起，胸腹部平坦，尾柄侧扁，稍高。头短钝，其长小于体高，吻圆钝。口下位，呈深弧形。体被圆鳞。背鳍高，后伸不达腹鳍起点。臀鳍短，起点至腹鳍基的距离略大于或等于全尾鳍基。尾鳍浅分叉，腹膜灰黑色。体青灰，胸、腹鳍带橘红色。

## 野外状况　近危

建德小鳔鮈分布范围狭窄，产地还有一定数量，种群生活状况容易受到人类活动干扰。

## 罕见程度　高

较难的饲养性使其在水族市场上的曝光率较低。

## 饲养难度　难

建德小鳔鮈为需要凉爽清洁、溶氧丰富水质的小型底栖鱼类，建议轻微造流，度夏温度建议在28℃以下。建德小鳔鮈很怕缺氧，鱼缸过滤不能停，其对水中的污染物也较敏感，需要经常换水。性情温顺平和，敏感而较脆弱，抢食能力弱，不建议和太强势的鱼类混养。建议饲喂优质的螺旋藻锭片，且定时投喂少量煮烂的米饭。

# 宽鳍鱲

*Zacco platypus*

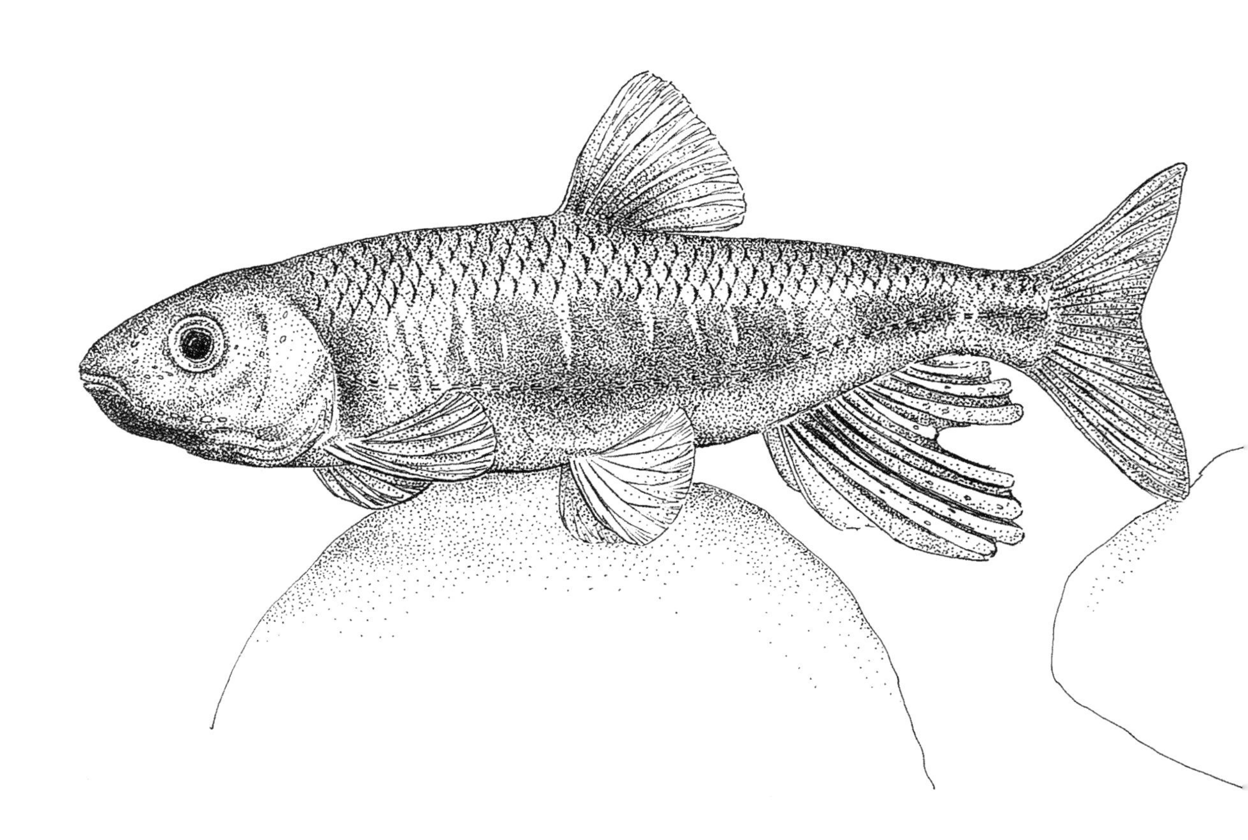

## 生物学特征

体长而侧扁，腹部圆。头短，吻钝，口端位，稍向上倾斜，唇厚，眼较小。背鳍无硬刺。胸鳍、腹鳍小，其起点位于背鳍起点下方。臀鳍基部较长。尾鳍灰色，后缘呈黑色，尾鳍分叉深，尾柄鳍短而高。一般背部灰黑色带绿色，臀鳍粉红色或红色带绿色光泽。

## 野外状况　无危

一个分布广且有一定适应力的物种，野外种群庞大，不过近些年在各地河流被污染、破坏的情况下，部分地区种群有所下降。

## 罕见程度　低

一个出名且美丽的物种，分布范围大，种群数量高，一直是水族市场上的明星之一。

## 饲养难度　一般

宽鳍鱲是体质较为强健的鱲类之一，有一定环境适应力，但需要凉爽清洁、溶氧丰富的水质。建议在80厘米以上的鱼缸饲养，度夏温度建议在30℃以下，要出状态需要足够强的光照和水流，建议鱼缸配备造流器并24小时开启。鱲类都是跳缸“爱好者”，鱼缸一定要加盖。

杂食性，可以很好地接受绝大部分饵料，有一定的食鱼性，不建议同体形差距太大的鱼混养。

# 丽色低线鱲

*Opsarius pulchellus*

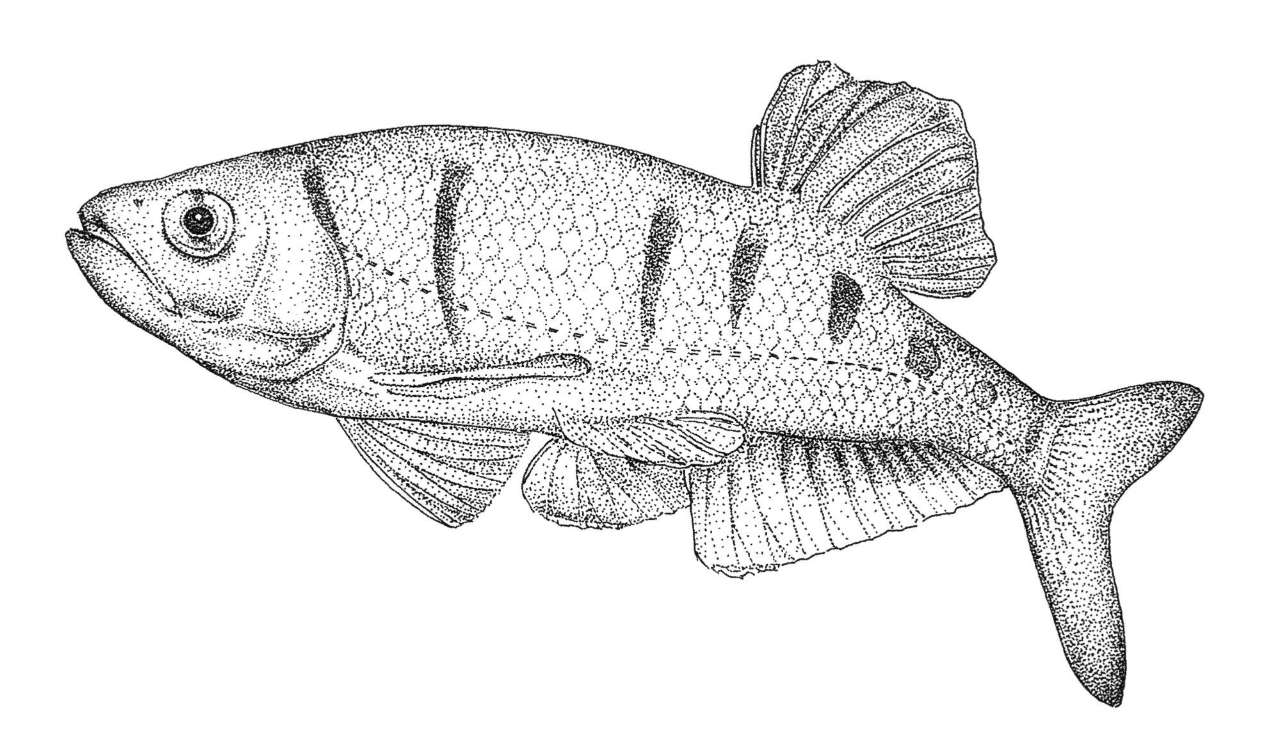

## 生物学特征

个体小，口较大，下颌突出，口裂倾斜。体侧扁，腹部无棱。吻略尖。背鳍后位，与臀鳍相对；胸鳍宽长，达腹鳍起点。尾鳍叉形。体背为青灰色，腹部浅黄色。体侧有7～10条垂直蓝绿斑条。发情期，雄鱼体侧金黄色。

## 野外状况　需要关注

丽色低线鱲在国内分布范围较小，对环境有一定要求，产地目前环境还算可以，但需要关注。

## 罕见程度　中

国内分布范围较偏，但作为一种出名且美丽的物种，一直没有离开水族爱好者的视线。

## 饲养难度　稍难

丽色低线鱲抗逆性较差，容易生病，对水质也有较高要求，需要凉爽清洁、溶氧丰富的水质，建议用70厘米以上鱼缸饲养，度夏温度建议在28℃以下，需要合适的水流和光照，建议鱼缸配备造流器并24小时开启。鱲类都是跳缸“爱好者”，鱼缸一定要加盖。

饲养上喂食一般小型鱼饲料即可，不建议和有攻击性的小型鱼混养。丽色低线鱲体质较娇弱，水质和食物等需要维持合适、稳定。

# 异鱲

*Parazacco spilurus*

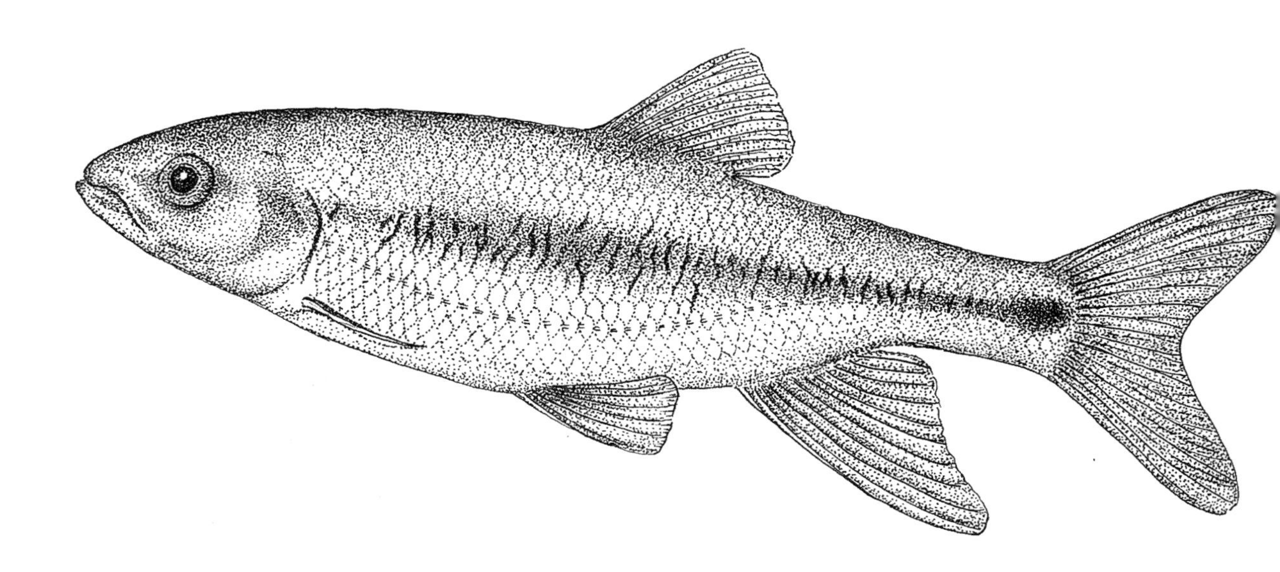

## 生物学特征

体侧扁，腹部较窄，自腹鳍基部至肛门有明显的腹棱。口上位，口裂向下倾斜，下颌前端有一显著的钩状突起与上颌凹陷相吻合。无须，侧线完全，前部明显下弯。背鳍稍后；臀鳍长，分支鳍条11～12根。头小，吻尖。腹部白色，体侧带棕红，体侧中部有一虫纹组成的宽黑带，自鳃盖起至尾鳍基中央，尾柄末端中有一大黑点。

## 野外状况　需要关注

异鱲分布范围相对小，对环境有一定要求，现如今在各地河流开发的情况下，部分地方种群受到河流污染、截流枯竭、滥捕等威胁。

## 罕见程度　中

异鱲不难寻获，但分布较窄，需要到合适的产区才可见到，水族市场上有一定曝光率。

## 饲养难度　一般

异鱲可能是抗逆性最强的鱲类，有一定环境适应力，但需要凉爽清洁、溶氧丰富的水质，建议用80厘米以上鱼缸饲养。度夏温度建议在30℃以下，要出状态需要足够强的光照和水流，建议鱼缸配备造流器并24小时开启。鱲类都是跳缸“爱好者”，鱼缸一定要加盖。

杂食性，食鱼性弱，可以和不是特别小的鱼混养。异鱲缸养容易养得很健康，但很难达到野外的发色效果，这点依旧是待以解决的问题。

# 林氏细鲫

*Aphyocypris lini*

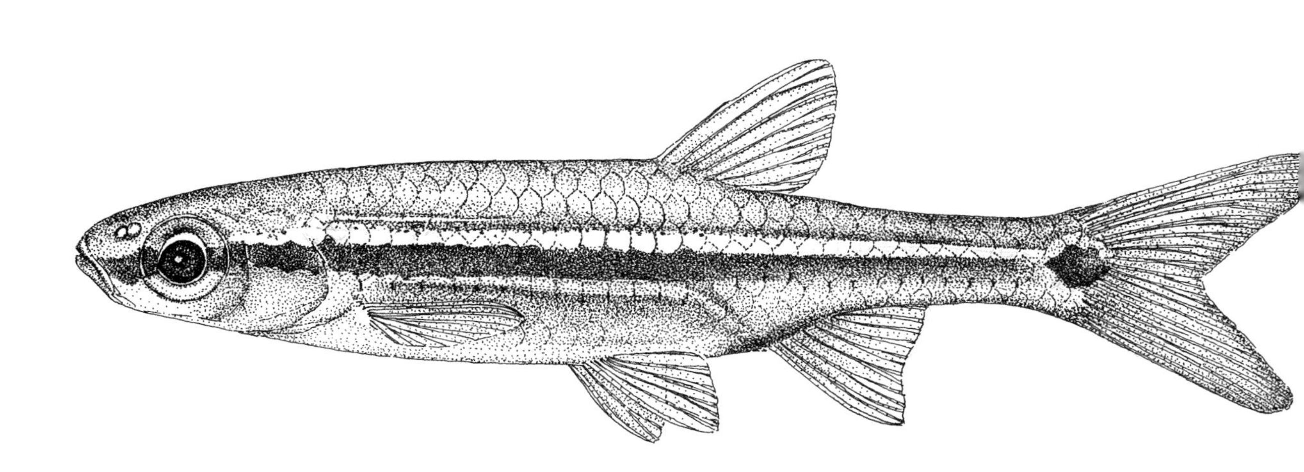

## 生物学特征

体细小，长而侧扁，前腹部圆，自腹鳍基底到肛门具腹棱；头小，吻圆钝；体被圆鳞，鳞中等大，无侧线。背鳍短小，无硬刺；胸鳍不达腹鳍起点；腹鳍不达肛门。尾鳍叉形，末端稍尖。背部棕色，腹部银白。各鳍无色，浅淡的黑色边缘。鳔大，分2室，后室长于前室。体侧有一上黄下黑的纵带，自吻前伸达尾鳍基，与尾柄末端中的一大黑点相连。

## 野外状况　濒危

曾经被判定为野外灭绝的物种，现在虽然又发现了数个新产地，但受威胁的特点依然没变，野外种群受到人为活动威胁，需要对其生存状况进行关注。

## 罕见程度　中

罕见的物种，并不太容易见到。

## 饲养难度　容易

林氏细鲫为喜欢清澈干净水质的小型鱼类，有一定适应性，性情温顺平和，是很好的水族箱混养品种，可以养在虾缸中。

# 唐鱼

*Tanichthys albonubes*

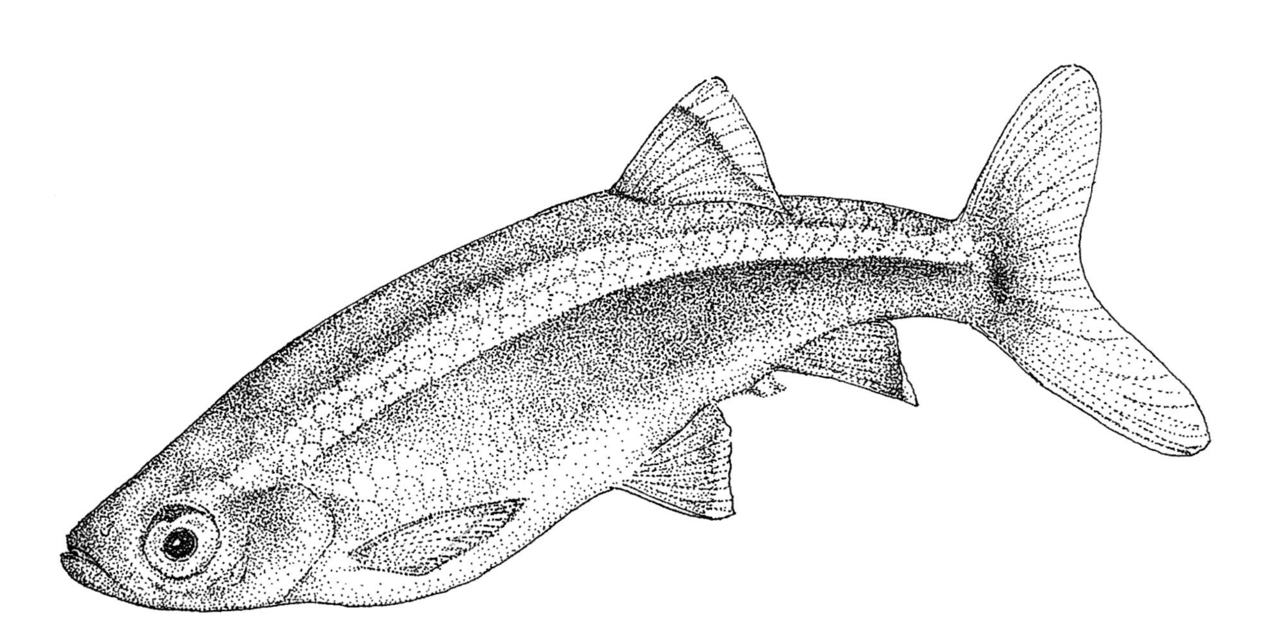

生物学特征

体细小，侧扁，腹部圆，无腹棱。头小、圆钝。口小，亚上位，口裂下斜，下颌突出。唇薄，无须。眼大，侧线不显，背鳍短，与臀鳍相对；胸、腹鳍小。体带橄榄绿色，中轴具金黄色纵纹，上部具若干黑条纹。背、臀鳍带绿色，边缘透明，尾基具红色大圆斑。

野外状况 濒危

唐鱼为我国二级保护动物，野外种群受到人为活动威胁，需要对其生存状况进行关注。

罕见程度 低

作为“资深”观赏鱼类，人工繁殖的唐鱼以“白云金丝”之俗称，在水族市场上相当常见。

饲养难度 容易

唐鱼为喜欢清澈干净水质的小型鱼类，有一定适应性，性情温顺平和，是很好的水族箱混养品种，可以养在虾缸中。

# 黄鳍结鱼

*Tor putitora*

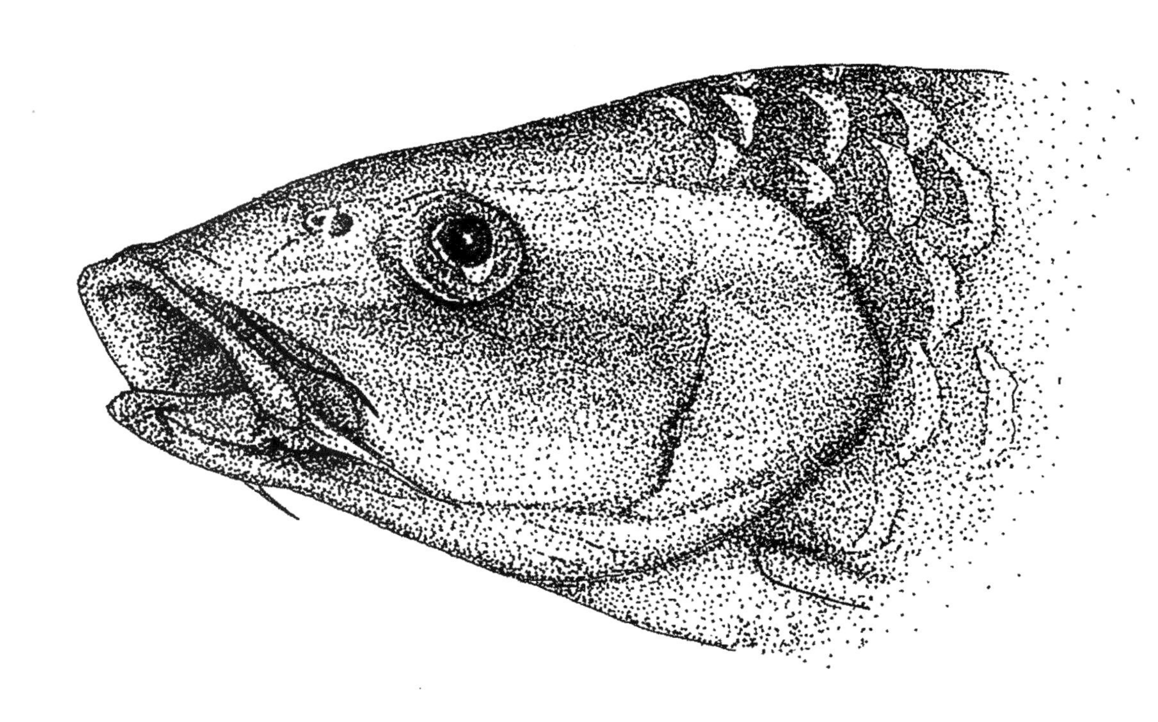

## 生物学特征

最大体长为2.75米，最大体重可达54千克。体长，侧扁，背缘稍隆起。吻端略尖，吻皮盖于上唇基部。唇略肥厚，上下唇在口角处相连。口窄，端位，深马蹄形。背鳍硬刺强壮，后缘光滑。背鳍具9根分支鳍条，其起点与腹鳍起点相对。各鳍黄色。

## 野外状况 需要关注

国内产地分布狭窄，不过境外很多，某些地方种群受到滥捕的威胁，需要对其进行关注。

## 罕见程度 中

黄鳍结鱼是国际知名的观赏种类，在水族市场上有一定能见度。

## 饲养难度 一般

黄鳍结鱼为体质强健、抗性较好的大型掠食鱼类，较为怕冷，冬天需要加温，需要足够大的饲养环境，鱼缸建议造流。

强食鱼性，可以喂食适口大小的饵料鱼，也容易接受人工饲料，侵略性及领域性均低，可以与其吞不下的鱼类混养。

胡东宇拍摄

# Siluriformes

# 第三章　鲇形目

# 白边拟鲿

*Tachysurus albomarginatus*

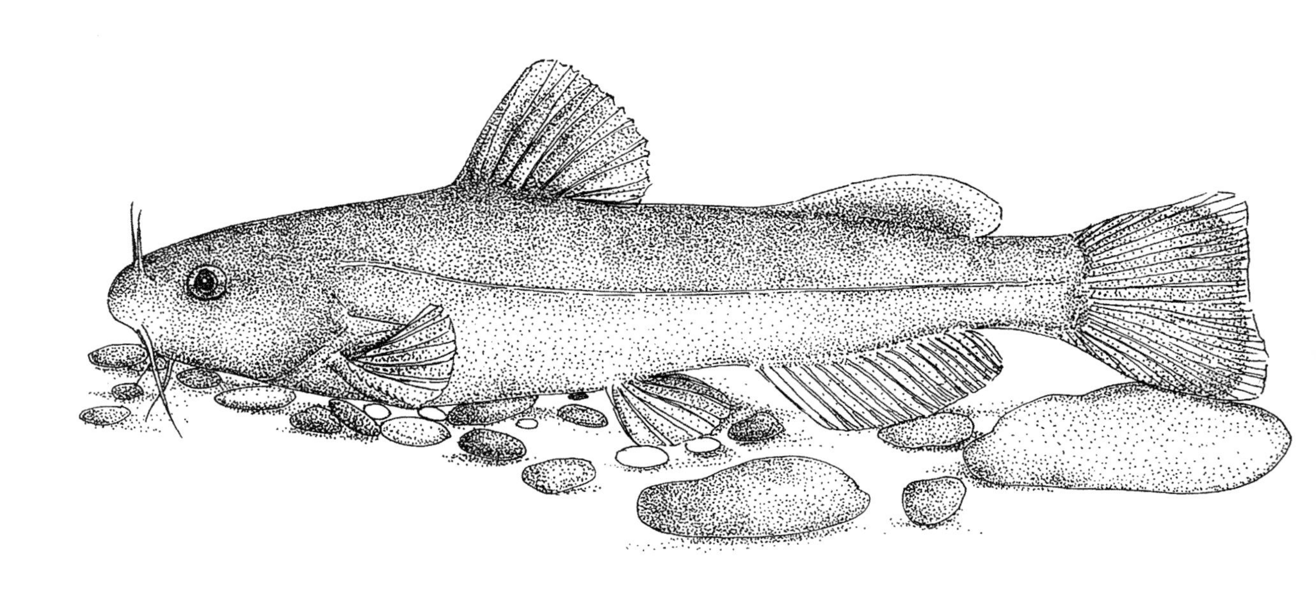

## 生物学特征

体延长，尾部侧扁，头扁平。头顶被粗厚的皮肤覆盖。吻钝，宽而圆。口下位，横裂。上下颌具绒毛状细齿。须4对，均较短。鼻须末端不达眼中点。上颌须稍超过眼后缘。眼小，眼间隔宽平。鳃孔宽大。背鳍、尾鳍、臀鳍均具白边。

## 野外状况　需要关注

有受到滥捕、水质污染等威胁，需要对其生存状况进行关注。

## 罕见程度　中

白边拟鲿在水族市场上曝光度低，并不是很常见。

## 饲养难度　稍难

白边拟鲿为需要凉爽、清洁、溶氧丰富水质的小型鱼类，喜食新鲜荤饵，也能接受人工饲料。夏天温度建议维持在32℃以下。

白边拟鲿具夜行性且会攻击别的鱼类，混养请注意。

# 福建纹胸鮡

*Glyptothorax fukiensis*

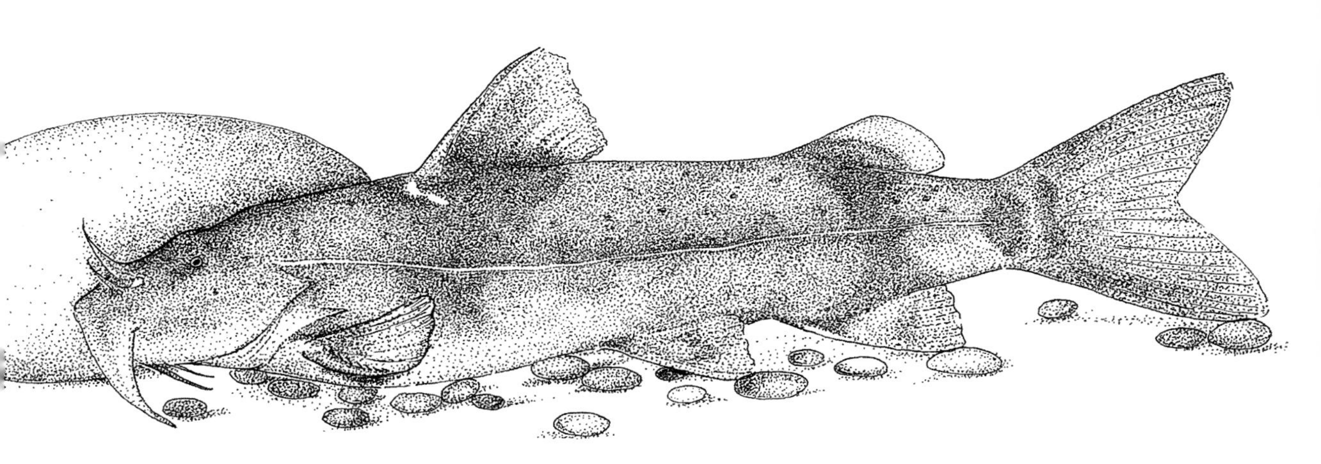

## 生物学特征

体略粗短，背缘隆起，腹缘略圆凸，头后体侧扁。头略大，纵扁，背面被厚皮肤。吻扁钝，眼小，背侧位，位于头的后半部。口裂小，下位，横裂；下颌前缘横直；上颌齿带小，新月形，口闭合时齿带前部显露。鼻须后伸达其基至眼前缘的2/3处或达眼中部。

## 野外状况 易危

福建纹胸鮡对环境要求较高，现如今在各地河流开发的情况下，各地的种群多少都受到河流污染、截流枯竭、滥捕等威胁。

## 罕见程度 中

福建纹胸鮡对环境要求高，在清洁的小溪小河里才可见到，它的难饲养性让其在水族市场上的曝光度较低。

## 饲养难度 难

鮡科是饲养难度高的物种。福建纹胸鮡虽然相对别的鮡类容易饲养，但也算较难的水平了，需要凉爽清洁、溶氧丰富的水质，过滤器24小时不能停。福建纹胸鮡对饲料清洁度要求高，不可喂食水蚯蚓，建议使用干净的冻血虫或优质的腥味大的底栖鱼饲料尝试。夏天一定要注意水温，控制在28℃以下。夜寻饵能力差，容易被混养鱼类干扰，鱼缸需要特别布置。混养鱼类不可多，抢食能力也不可强。有饲养意向者需要全面了解之后再决定是否入手。

# 白缘䱀

*Liobagrus marginatus*

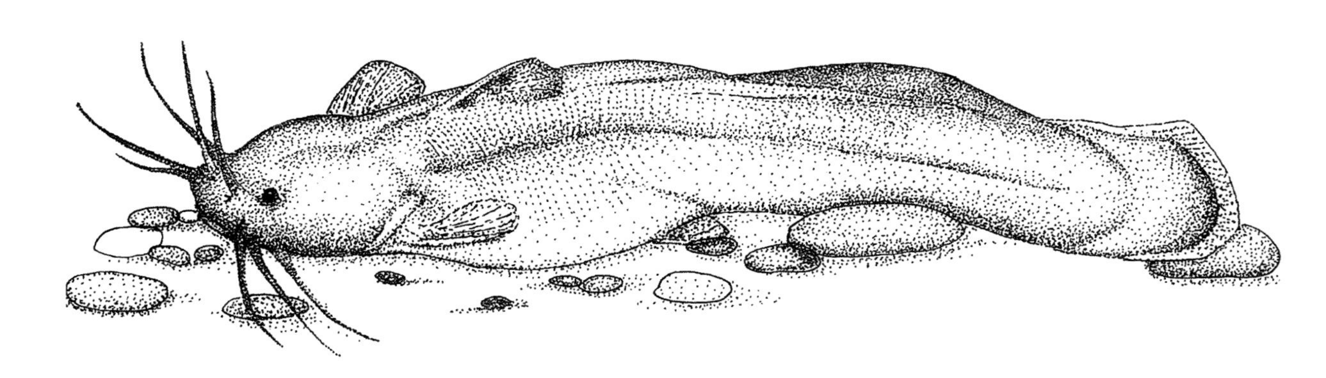

## 生物学特征

胸鳍外缘光滑，内缘大都光滑偶有锯齿。脂鳍低而长。全长20厘米，外侧颏须约等于头长。背鳍和胸鳍具有3枚毒刺。肛门距腹鳍后端近于距臀鳍起点。各鳍边缘呈白色或淡黄色。

## 野外状况　易危

白缘䱀分布范围有限，对环境要求较高，现如今在各地河流开发的情况下，各地的种群多少都受到河流污染、截流枯竭、滥捕等威胁。

## 罕见程度　高

白缘䱀对环境要求高，需要在清洁的小溪小河里才可见到，它的难饲养性让其在水族市场上的曝光度较低。

## 饲养难度　稍难

整体饲养可参照福建纹胸鮡，但整体抗性稍强于福建纹胸鮡。度夏请注意温度不可太高，另外鳍棘特化为毒刺，具稍强毒性，有可能会刺伤混养鱼类，有混养鱼类被刺伤后严重中毒甚至死亡的报告，混养请谨慎。

# Beloniformes

# 第四章 | 颌针鱼目

# 鰭斑青鳉

*Oryzias pectoralis*

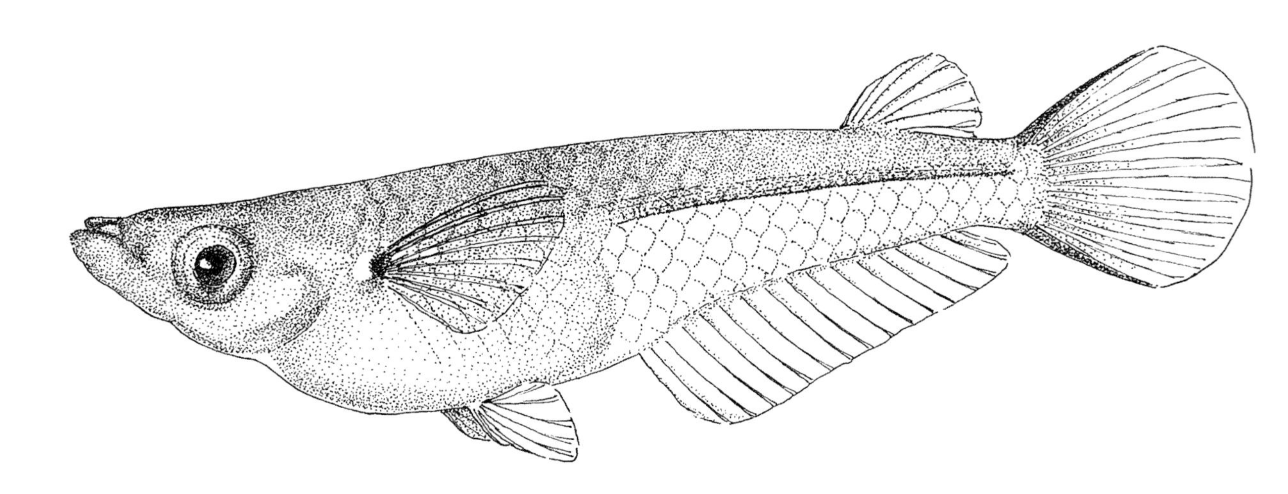

## 生物学特征

体小，头较宽，前部平扁。吻宽短。眼较大，上侧位。口小，上位，口裂平直。无侧线。各鳍灰黑色透明，胸鳍基部有一黑色斑点，尾鳍扇形，上下缘各有一橘红色边。繁殖期发情雌鱼腹鳍及臀鳍变为淡橘红色。

## 野外状况　濒危

入侵物种食蚊鱼的扩散对其影响很大，现唯有岭南山间小溪小水潭才能见到较多个体。

## 罕见程度　中

在水族市场上以“桂系青鳉”的名字进行贩卖，具有一定名气，可见度不低。

## 饲养难度　容易

鳍斑青鳉的环境适应力很强，耐高温低温，耐轻度水质污染。建议与各种温和的小型鱼混养，作为上层鱼养在水草缸内是一个不错的选择。由于鳍斑青鳉是偏静水鱼类，饲养环境的水流不可过大，否则其会被累死。

鳍斑青鳉繁殖中需要强光照刺激，若光照不足，雌鱼不会排卵。亲鱼对小鱼威胁较大，最好捞卵单独孵化、饲养幼苗。正常喂食情况下，小苗约半年可以长到成鱼大小。

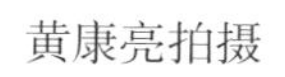
黄康亮拍摄

# 青鳉

*Oryzias latipes*

## 生物学特征

体小，头较宽，前部平扁。吻宽短。眼较大，上侧位。口小，上位，口裂平直。无侧线。尾鳍截形。各鳍灰黑色透明，繁殖期，发情雄鱼腹鳍及臀鳍变为煤污黑色。

野外状况　无危

青鳉适应力强，繁殖力高，在野外的数目较多；分布偏北，气温阻止了它最大的生态竞争对手食蚊鱼的扩散，相比同属鱼类，青鳉的生存状况还是优良的。

罕见程度　低

中国中南部到北方各地的水面常见小鱼。

饲养难度　容易

青鳉的环境适应力很强，耐高温低温，耐轻度水质污染。饲养建议与各种温和的小型鱼混养，作为上层鱼养在水草缸内是一个不错的选择。由于青鳉是偏静水鱼类，饲养环境的水流不可过大，否则其会被累死。

青鳉繁殖中需要强光照刺激，若光照不足，雌鱼不会排卵。亲鱼对小鱼威胁较大，最好捞卵单独孵化、饲养幼苗，正常喂食情况下，小苗约半年可以长到成鱼大小。

# *Gasterosteiformes*

# 第五章 | 刺鱼目

# 中华多刺鱼

*Pungitius sinensis*

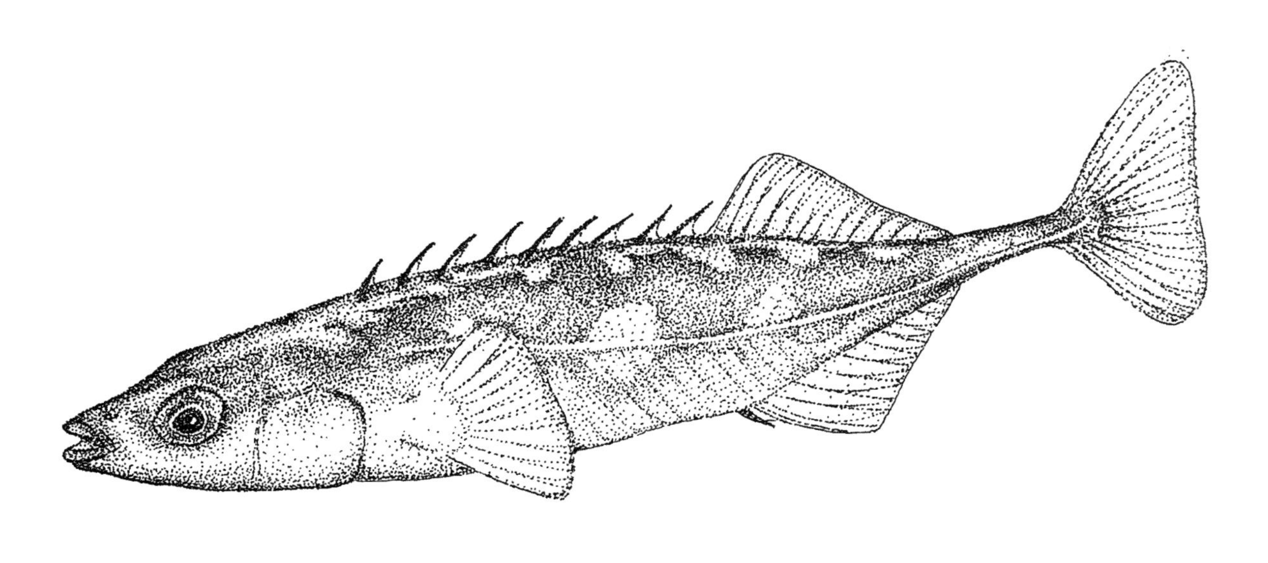

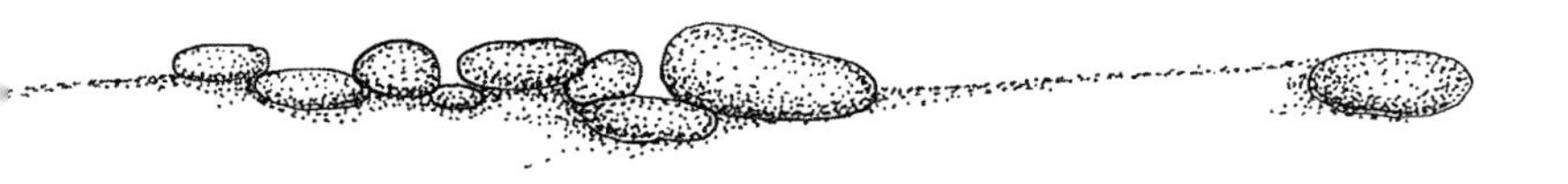

## 生物学特征

体形小，呈纺锤形，长5厘米左右。体前部有薄骨片，后部光滑，尾柄有发达的骨板棱。第一背鳍由7～11根分离的鳍棘组成；第二背鳍和臀鳍相对；臀鳍棘1，较大；胸鳍大，侧中位；腹鳍亚胸位，鳍棘1；尾鳍短，浅凹形。体背部淡黄绿色，腹部银白色。

## 野外状况　需要关注

中华多刺鱼对环境有一定需求，现如今在各地河流开发的情况下，某些地方的种群受到河流污染、截流枯竭、滥捕等威胁，需要对其生存状况进行关注。

## 罕见程度　低

中华多刺鱼不是难以寻获的种类，且在某些水族市场的饲料鱼中常年季节性地占据一定比例。

## 饲养难度　稍难

中华多刺鱼是典型冷水物种，对水质和水温较为敏感，特别水温不能过高，家庭饲养必须使用冷水机，否则几乎不能度夏。另外，此鱼有一定的领域性和攻击性，不是温和的水族箱混养品种，混养需谨慎。

水流静缓处正是中华多刺鱼的栖身佳所

中华多刺鱼产卵的巢很有特色，就如水中编织的鸟窝

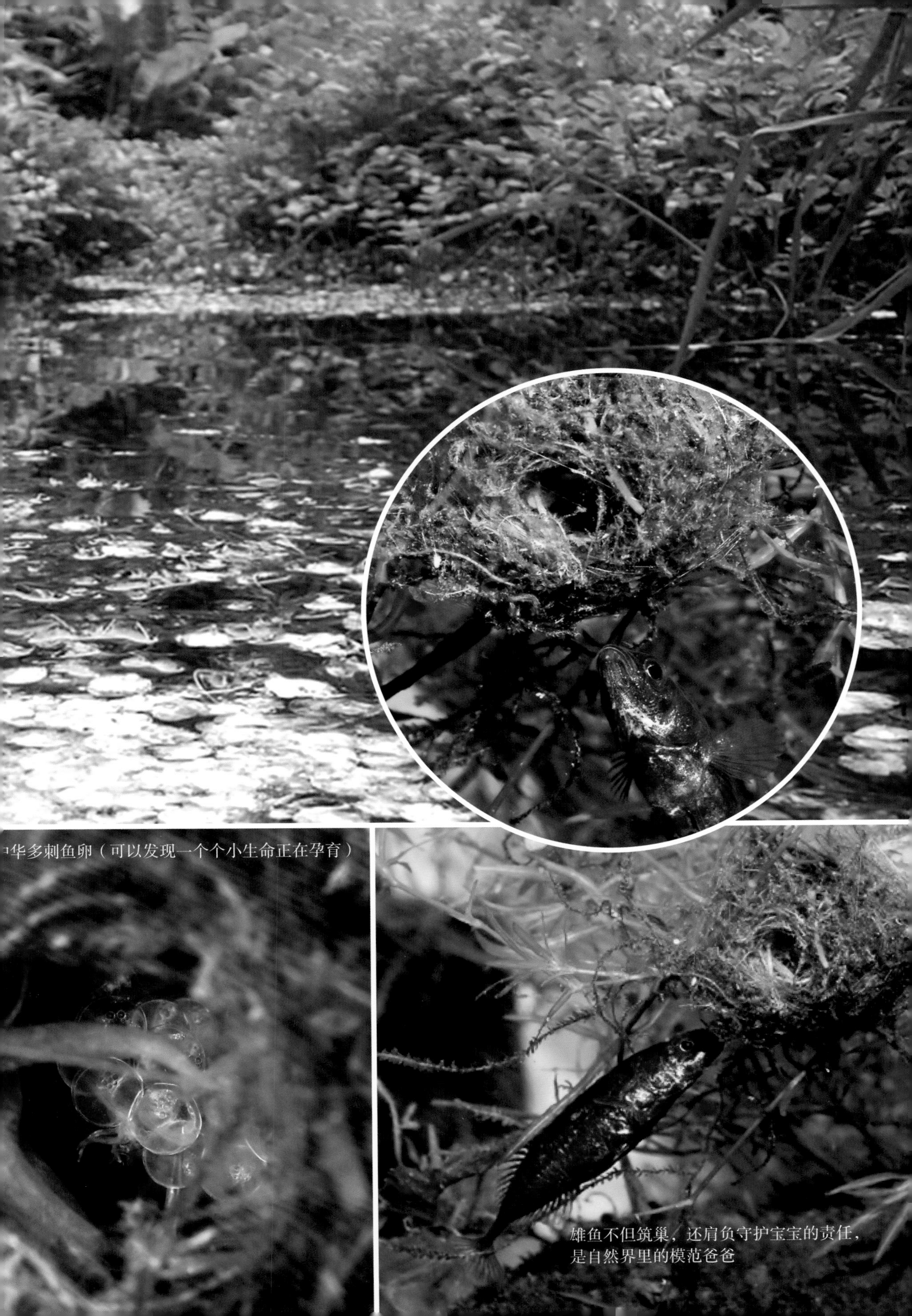

中华多刺鱼卵（可以发现一个个小生命正在孕育）

雄鱼不但筑巢，还肩负守护宝宝的责任，是自然界里的模范爸爸

Perciformes
第六章 | 鲈形目

# 太阳鱼科Centrarchidae

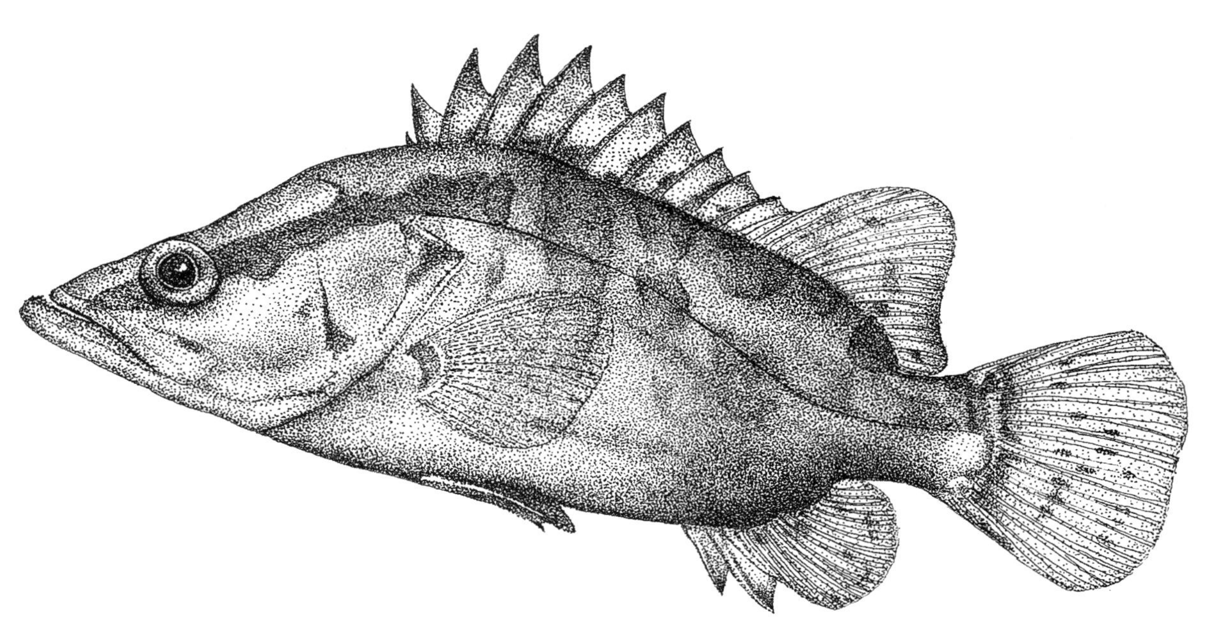

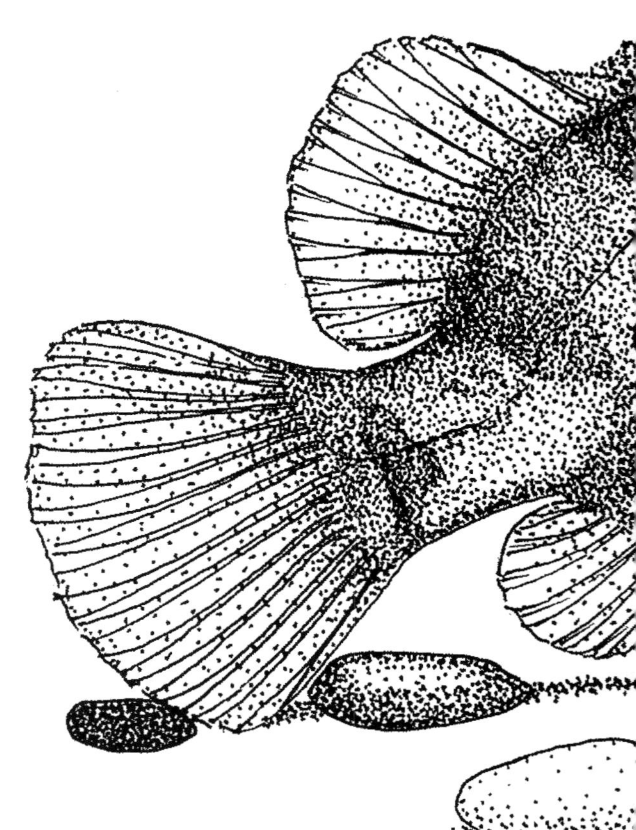

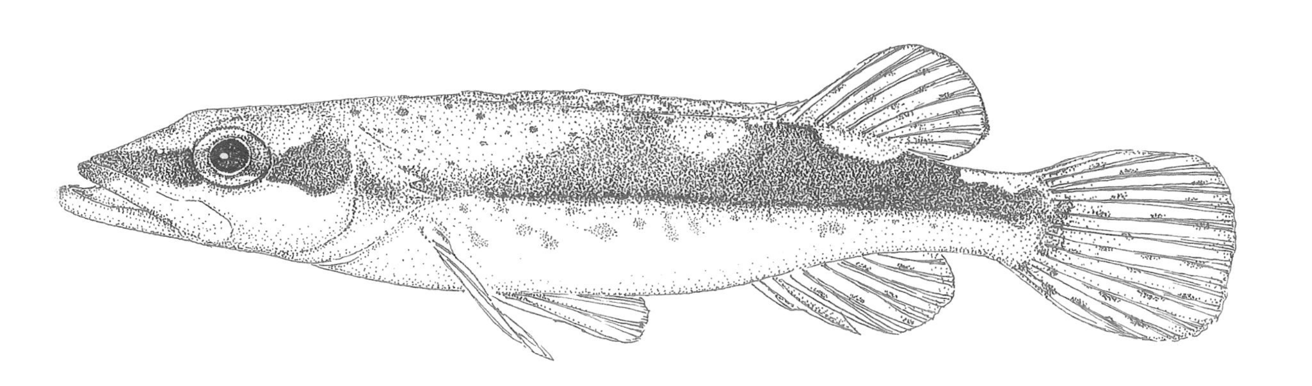

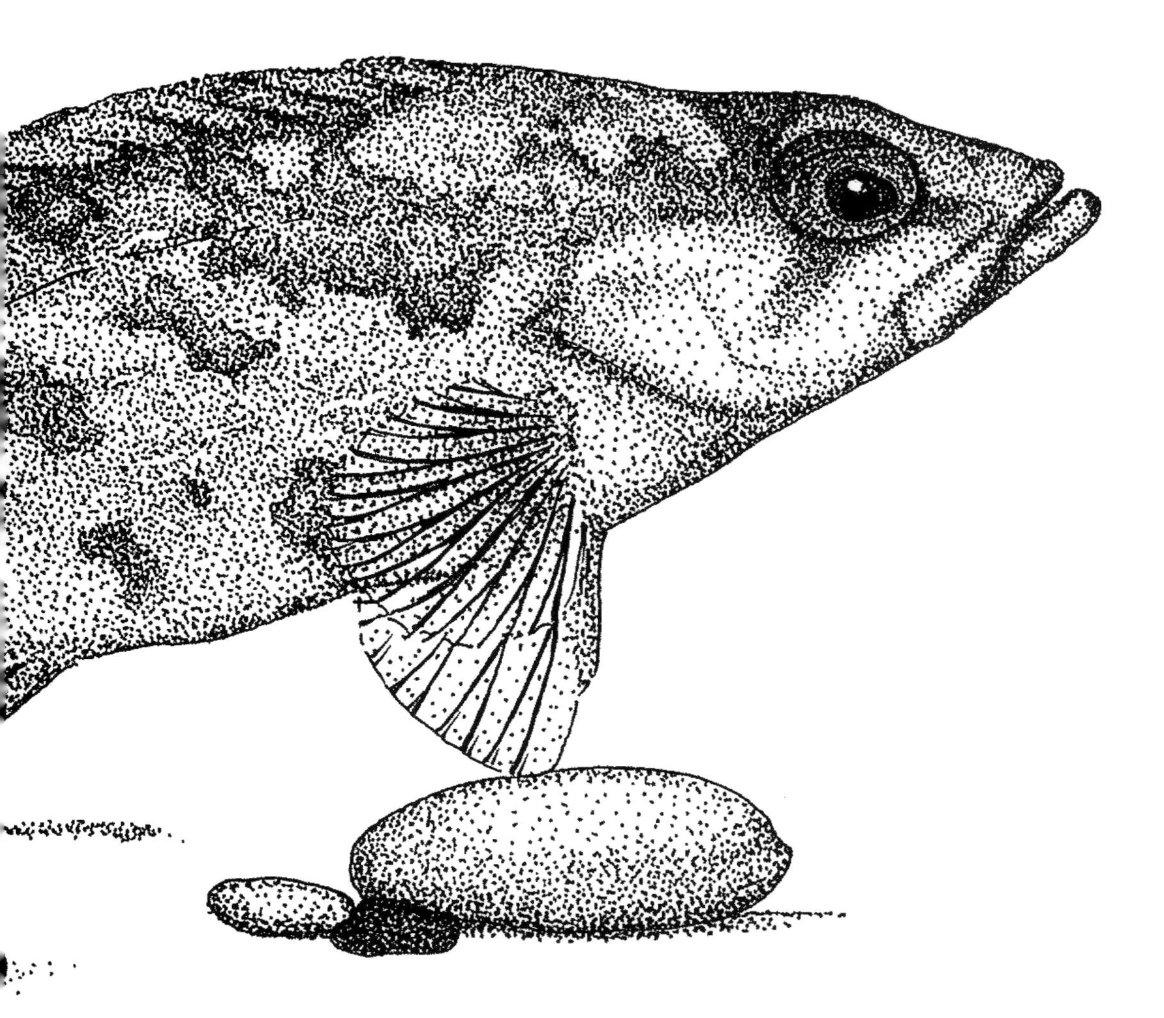

# 暗鳜

*Siniperca obscura*

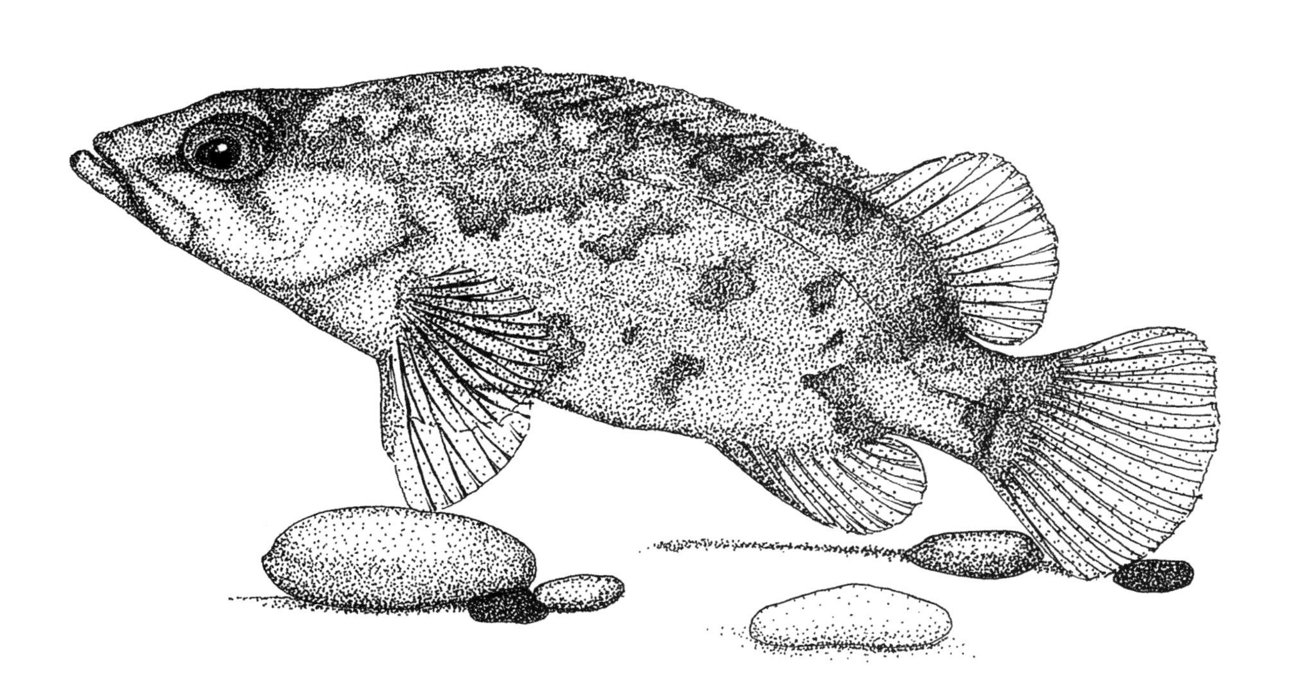

## 生物学特征

体短，侧扁，呈卵圆形。背部轮廓隆起，最高处位于背鳍棘部的中间。眼大，眼前有一黑色暗纹伸达口角，眼后有一黑色暗纹伸达鳃盖下方。体呈棕黑黄色，有数个黑色大斑点。吻钝圆，上下颌等长或下颌稍长。侧线完全，前段与背部边缘平行，向后延伸至尾柄中部。

## 野外状况　需要关注

暗鳜的分布范围相对比较小，对环境有一定需求，现如今在各地河流开发的情况下，某些地方的种群受到河流污染、截流枯竭、滥捕等威胁，需要对其生存状况进行关注。

## 罕见程度　中

暗鳜分布范围较小，有强地域性，不过在水族市场上有一定曝光度。

## 饲养难度　稍难

暗鳜饲养上需要凉爽清洁、溶氧丰富的水质，夏季不可太过高温（30℃以下）。作为鳜鱼中最小的种类，暗鳜的食鱼性和攻击性相对没有别的鳜鱼那么强，适合其大小的饵料鱼并不是很容易寻获，暗鳜对于饵料的清洁度有较高要求，不要投喂脏水来源的饵料鱼（特别是食蚊鱼），好在暗鳜比较容易训食冻虾仁。饵料的大小以及喂食量也要注意，不可让其吃成肚腹凸起膨胀的情况，容易引发腹水。有饲养意向者请全面考虑后再决定入手与否。

由于暗鳜体形较小，攻击性相对弱，可以和一些合适大小的小型鱼类混养，混养鱼类最好不要小于其一半大小，也不要大太多，否则会给暗鳜带来压力。

# 斑鳜

*Siniperca scherzeri*

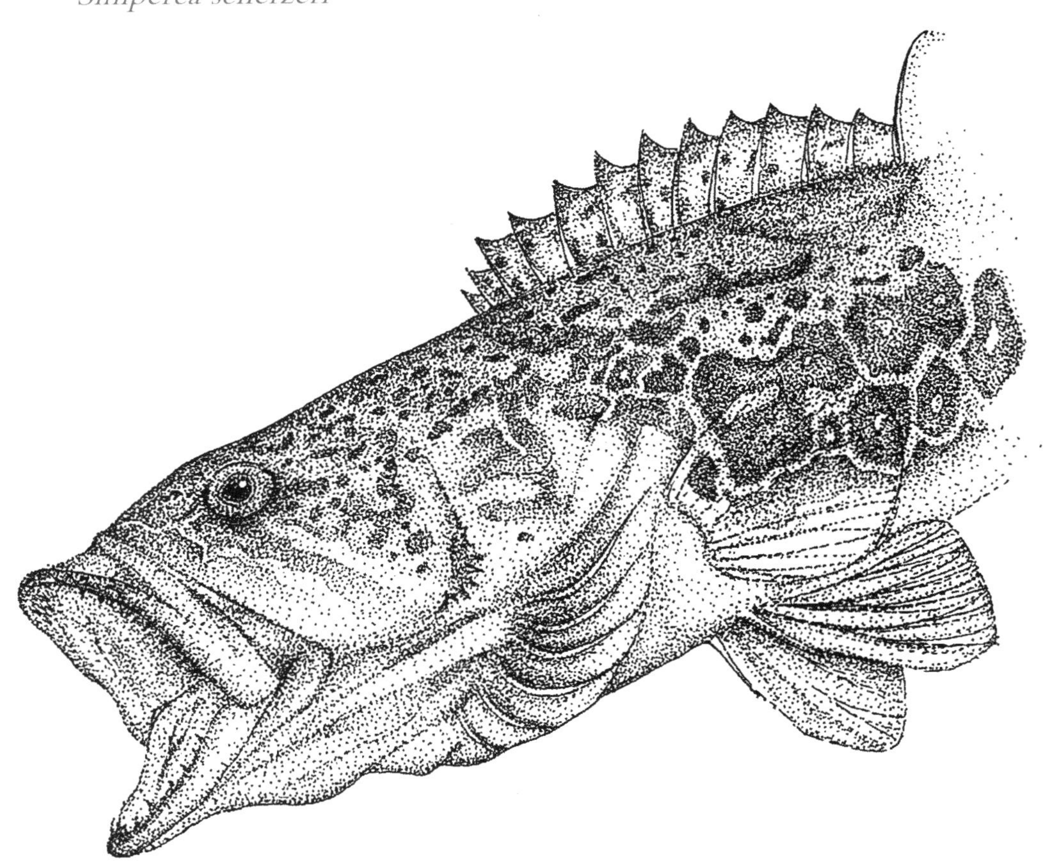

## 生物学特征

体长，侧扁，背为圆弧形，不甚隆起。口大。犬齿发达，上颌仅前端有犬齿，排列不规则。体呈黑褐色或棕黄色，头部及鳃盖具暗黑色的小圆斑，体侧有较多的圆形色环，环的边缘暗黑色，而中间较淡，沿背部中线有4个大型斑块，第一块呈新月形，位于背鳍起始前方，第二块在背鳍棘中部，第三、四块位于背鳍鳍条部之前后方，胸鳍基部有暗色斑块。

## 野外状况　无危

斑鳜分布广，数量多，适应力强，某些地方的种群可能遭受环境破坏威胁，但整体物种状况无危。

## 罕见程度　低

分布较广，常常作为食用鱼出现于各地菜市场。

## 饲养难度　容易

作为第二大的鳜鱼，斑鳜饲养首先需要一个大鱼缸，建议使用一米以上鱼缸饲养。饵料选择清洁的饲料鱼即可，可以训食鱼肉块，训练好的甚至可以吃优质饲料。需要凉爽清洁、溶氧丰富的水质，维持高水质和高溶氧的情况下可以短暂耐受较高水温（32℃），夏天的时候注意少喂食，加强过滤。

斑鳜个头大，生长速度较快，吞咽力较强，建议单养。若是混养，建议与较少互相攻击的大型鱼混养。

# 波纹鳜

*Siniperca undulata*

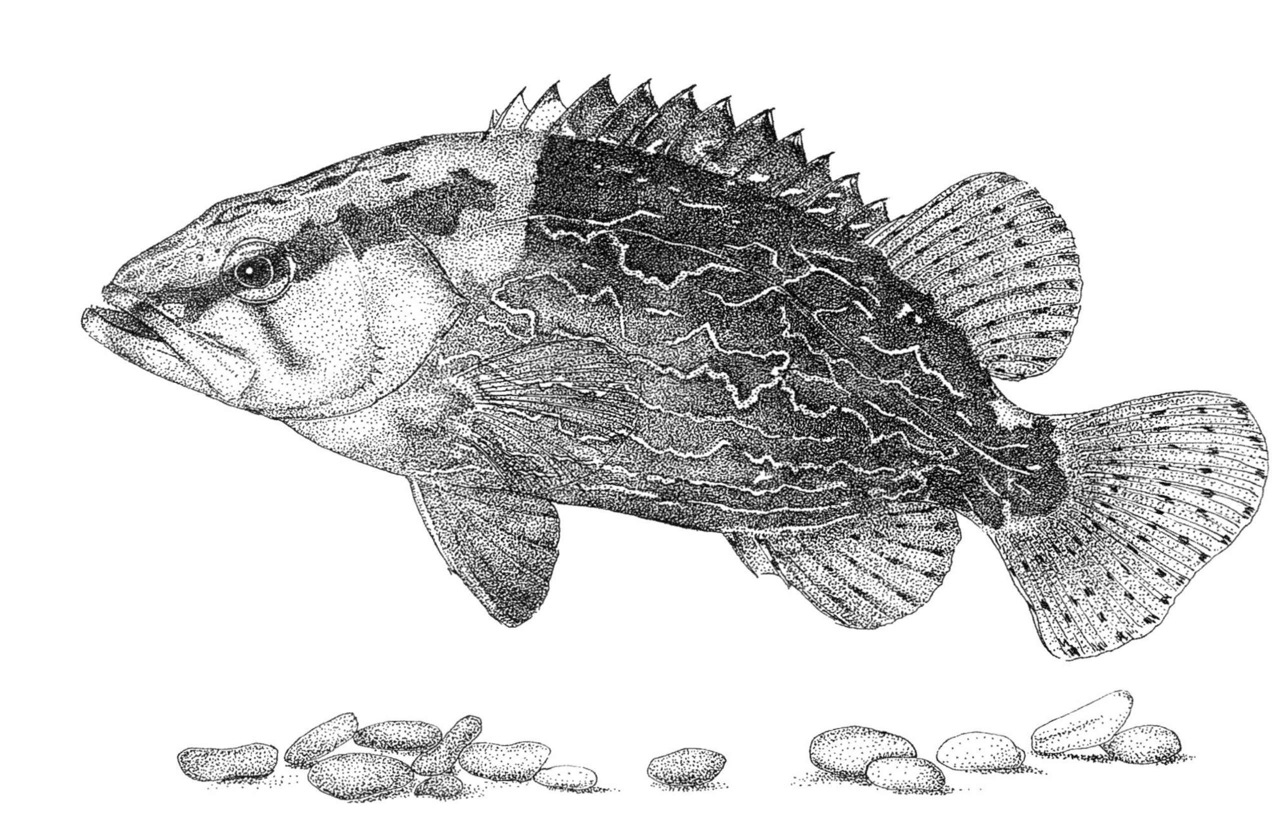

## 生物学特征

体长圆形，侧扁。头大。眼多为蓝色。吻略尖突。口大，下颌稍长，两颌有尖齿。前、间鳃盖骨后缘有明显锯齿，鳃盖骨门缘有2刺。体、颊、鳃盖均被小鳞。侧线弧形。背鳍基长；胸、尾鳍圆形；腹鳍前移，具一硬棘。体侧有数条黄色纵波纹。

## 野外状况　需要关注

波纹鳜对环境有一定需求，现如今在各地河流开发的情况下，某些地方的种群受到河流污染、截流枯竭、滥捕等威胁，需要对其生存状况进行关注。

## 罕见程度　低

波纹鳜不是难以寻获的种类，但在分布上有较强的地域性，在主产区才可以频繁见到。

## 饲养难度　一般

作为中小型鳜鱼，波纹鳜喜食小型鱼虾，经过训练可以饲喂鱼肉块或虾仁。波纹鳜需要凉爽清洁、溶氧丰富的水质，维持高水质和高溶氧的情况下可以短暂耐受较高水温（32℃），夏天的时候注意少喂食，加强过滤。

作为一种肉食性鱼类，波纹鳜不是温和的水族箱混养品种，它吃不下的鱼也可能会被其咬尾攻击，混养鱼类要注意不能和它相互攻击。

# 翘嘴鳜

*Siniperca chuatsi*

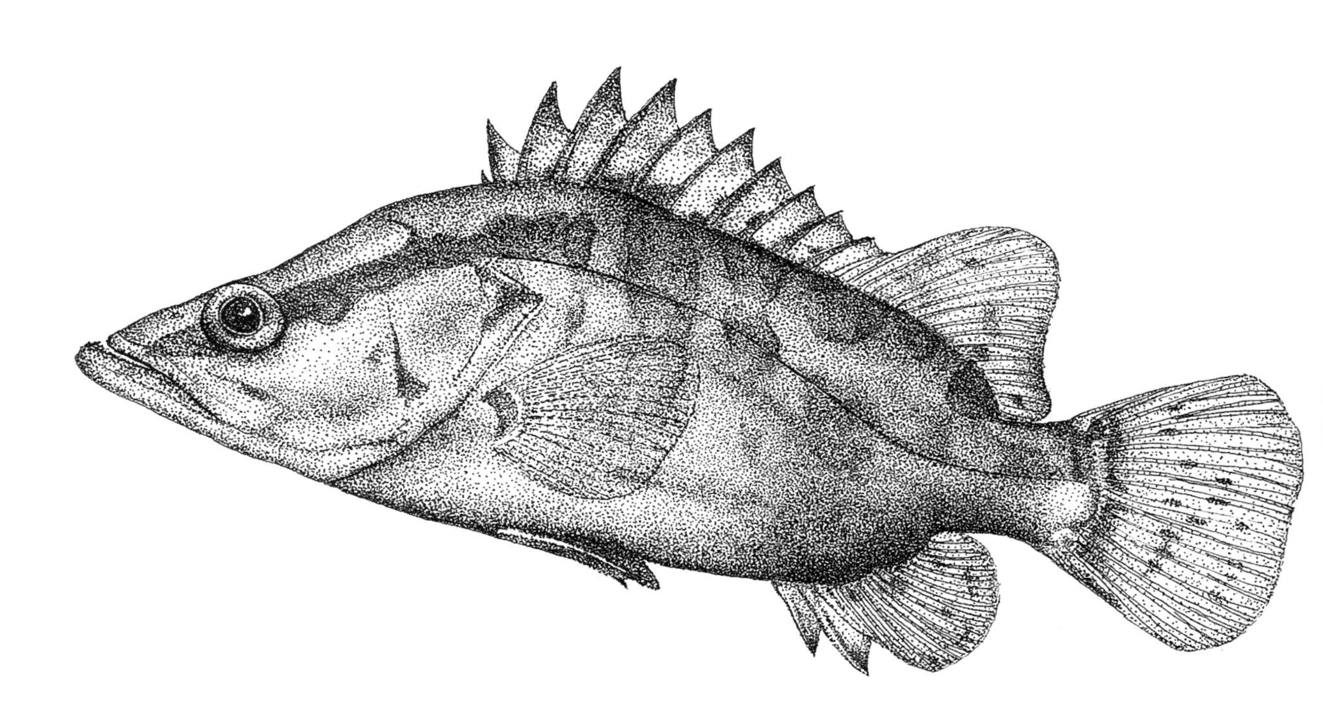

## 生物学特征

体较高而侧扁，背部隆起。口大，端位，口裂略倾斜，上颌骨延伸至眼后缘，下颌稍突出。背鳍长，分成前后两部分，前部由硬棘组成，后部由软鳍条组成，前后部由鳍膜相连，胸鳍圆形，体黄绿色，带许多棕红色或棕黑色大斑块，有金属光泽，吻端经眼窝至背鳍硬棘的前下方有一斜行棕红黑色条纹。

## 野外状况 无危

翘嘴鳜分布广，数量大，几乎遍布全国各地河流湖泊。

## 罕见程度 低

各地菜市场标配食用鱼之一。

## 饲养难度 容易

作为第一大的鳜鱼，翘嘴鳜对各项环境指标适应力都较强，生长速度极快，建议使用一米以上鱼缸饲养。饵料选择清洁的饲料鱼即可，可以训食鱼肉块。需要凉爽清洁、溶氧丰富的水质，维持高水质和高溶氧的情况下可以短暂耐受较高水温（32℃），夏天的时候注意少喂食，加强过滤。

翘嘴鳜个头很大，生长速度极快，吞咽力极强，不建议与身长为其身长3/4以下的鱼类同混，有时候吃不下也会被其攻击，只适合单养或同较少相互攻击的大型鱼混养。

# 长体鳜

*Siniperca roulei*

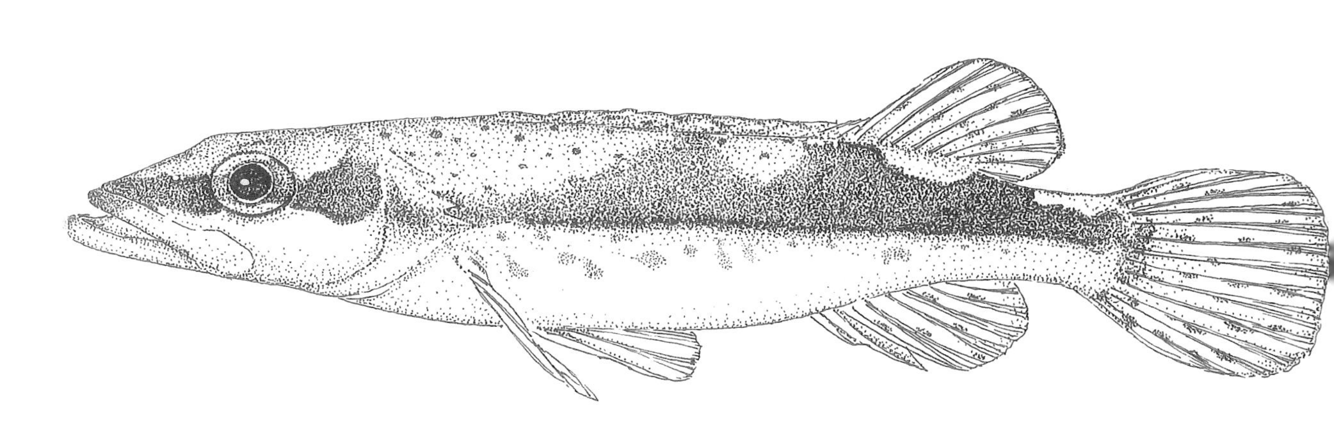

## 生物学特征

体显著延长，背腹轮廓线低平，前部略作圆筒形，后部稍侧扁，下颌显著突出，外包上颌。背鳍2个，基部相连，中间微凹。背部棕黑色，腹部灰白色，背部于第一背鳍中部至尾有3～4块暗色鞍纹，体侧有时具一自吻部至尾基的黑色暗带，体侧及背部密布不规则的暗色斑点。

## 野外状况　需要关注

长体鳜的分布范围相对比较窄，对环境有一定需求，现如今在各地河流开发的情况下，某些地方的种群受到河流污染、截流枯竭、滥捕等威胁，需要对其生存状况进行关注。

## 罕见程度　高

长体鳜有强地域型，在水族市场上有一定曝光度。

## 饲养难度　难

长体鳜饲养需要凉爽清洁、溶氧丰富的水质，夏季不可太过高温（28℃以下）。长体鳜的肠胃比较脆弱，对于饵料的清洁度有较高要求，不要投喂脏水来源的饵料鱼（特别是食蚊鱼）。饵料的大小以及喂食量也要注意，不可让其吃成肚腹凸起膨胀的情况，否则容易引发腹水甚至暴毙，饲养意向者请全面考虑后再决定入手与否。

长体鳜体形较小，吞咽力相对弱，可以与一些合适大小的、温和型、中小型鱼类混养，混养鱼类不要低于其大小的2/3，也不要大太多，否则会给长体鳜带来压力。

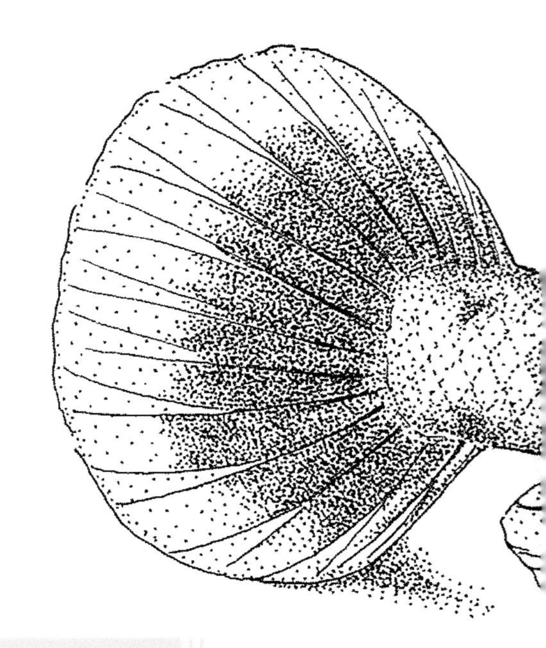

# 虾虎鱼科Gobiidae

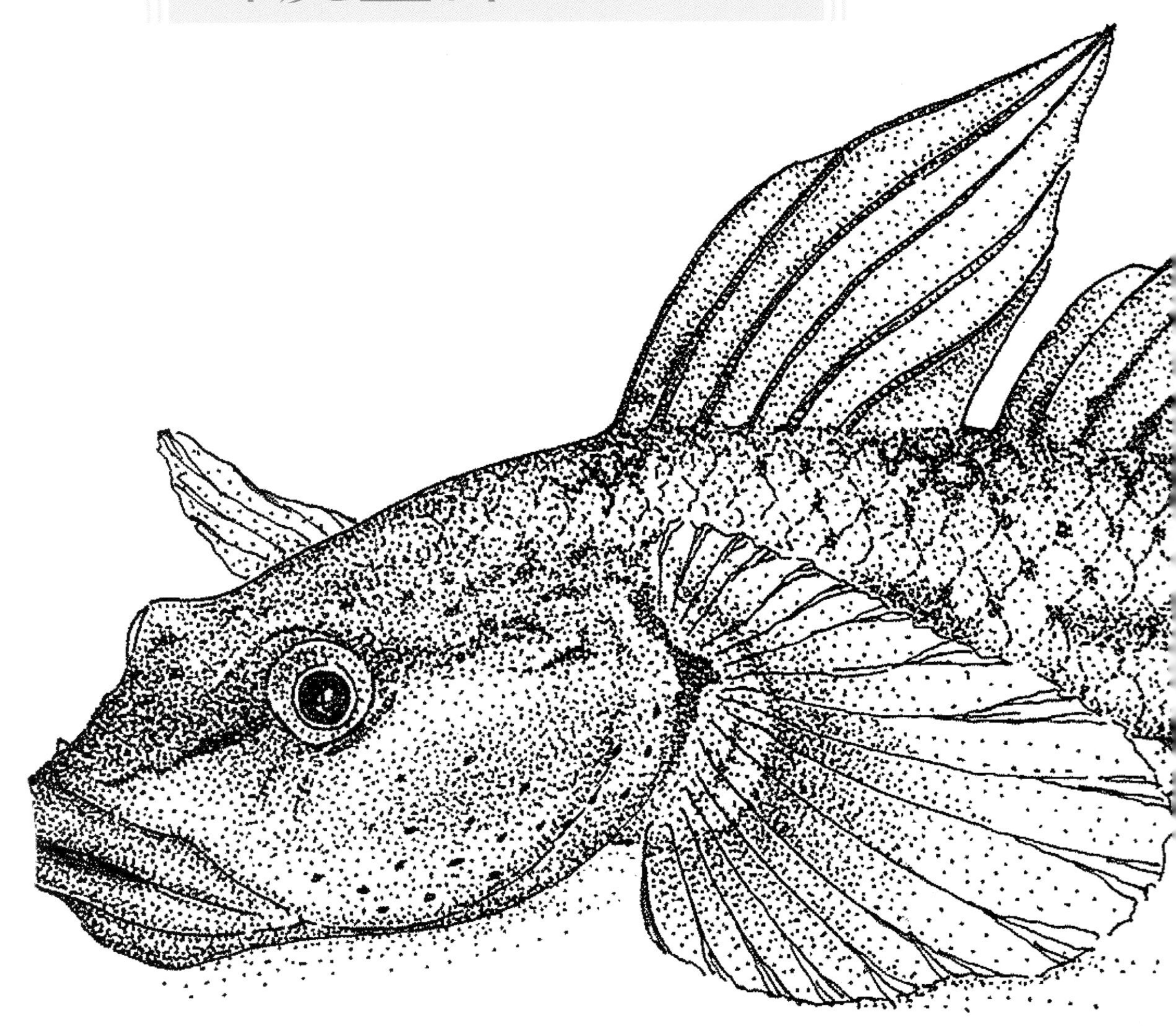

# 波氏吻虾虎鱼

*Rhinogobius cliffordpopei*

## 生物学特征

体细长，略呈圆筒状。头略平扁。头部和背鳍前的背部裸露。头、体呈灰褐色，体侧具6~7条深褐色横带（有时呈暗蓝黑色），第一背鳍的第一、二鳍棘间的鳍膜上具一蓝黑色大圆点（有时候雌鱼的不明显），眼前下方至口角上方有两条平行暗纹，臀鳍外蓝内橘，镶白边。

## 野外状况　无危

野生种群分布广，数量大。

## 罕见程度　低

最常见的鱼类之一。

## 饲养难度　容易

波氏吻虾虎鱼为有一定环境适应力的小型底栖鱼类，建议饲养在凉爽清洁、溶氧丰富的水质环境中，度夏温度建议在32℃以下，冬季温度建议在15℃以上以预防水霉。杂食偏荤，可以喂食冻血虫或者优质的腥味大的底栖鱼饲料。

波氏吻虾虎鱼具有一定攻击性及领域性，饲养密度不建议太高，会攻击小鱼小虾，混养请注意。

# 褐吻虾虎鱼

*Rhinogobius* sp. cf. *brunneus*

## 生物学特征

鱼体呈圆筒形，后部侧扁。吻钝，口宽斜裂，颊部肌肉发达。尾鳍圆形，第一背鳍高耸呈三角形，第一鳍棘到第三鳍棘间的鳍膜上有一蓝色斑点。体呈红褐色，并有夹杂黑色纵纹。雄鱼尾柄部有一橘红色大斑点。

## 野外状况　需要关注

产地有一定数量，近些年来受到人类活动干扰，种群数目有所下降，需要对其生存状况进行关注。

不同产区的褐吻虾虎鱼似乎是不同的物种，有待进一步研究。

## 罕见程度　低

褐吻虾虎鱼较为出名，在水族市场上有一定曝光率。

## 饲养难度　一般

褐吻虾虎鱼为有一定环境适应力的小型底栖鱼类，建议饲养在凉爽清洁、溶氧丰富的水质环境中，度夏温度建议在30℃以下，冬季温度建议在15℃以上以预防水霉。杂食偏荤，可以喂食冻血虫或者优质的腥味大的底栖鱼饲料。

褐吻虾虎鱼有较强的攻击性以及领域性，饲养密度不建议太高，会攻击小鱼小虾，混养请注意。

褐吻虾虎鱼容易在人工条件下交配产卵，但其幼鱼太过细小，难以找到合适的开口饵料，这方面的难题有待攻克。

# 黄脸吻虾虎鱼

*Rhinogobius* sp. “yellow face”

## 生物学特征

体细长，略呈圆筒状，头略扁平，颊部呈明黄色，喉部有数条红蓝斜带，身体、背鳍、臀鳍、尾鳍呈棕红色，夹杂黑色点纹，第一背鳍的第一、二鳍棘间的鳍膜上有一蓝色斑点，胸鳍灰色透明，基部有明黄色色带。

## 野外状况 需要关注

黄脸吻虾虎鱼分布范围狭窄，其余不明。

两个产区之间相隔甚远，为何出现这种情况，有待研究。

## 罕见程度 中

黄脸吻虾虎鱼分布范围狭窄，但水族市场上有一定曝光率。

## 饲养难度 一般

黄脸吻虾虎鱼为有一定环境适应力的小型底栖鱼类，建议饲养在凉爽清洁、溶氧丰富的水质环境中，度夏温度建议在32℃以下，冬季温度建议在15℃以上以预防水霉。杂食偏荤，可以喂食冻血虫或者优质的腥味大的底栖鱼饲料。

黄脸吻虾虎鱼有一定攻击性以及领域性，饲养密度不建议太高，会攻击小鱼小虾，混养请注意。

黄脸吻虾虎鱼属于较容易人工繁殖的虾虎鱼之一。

黄康亮拍摄

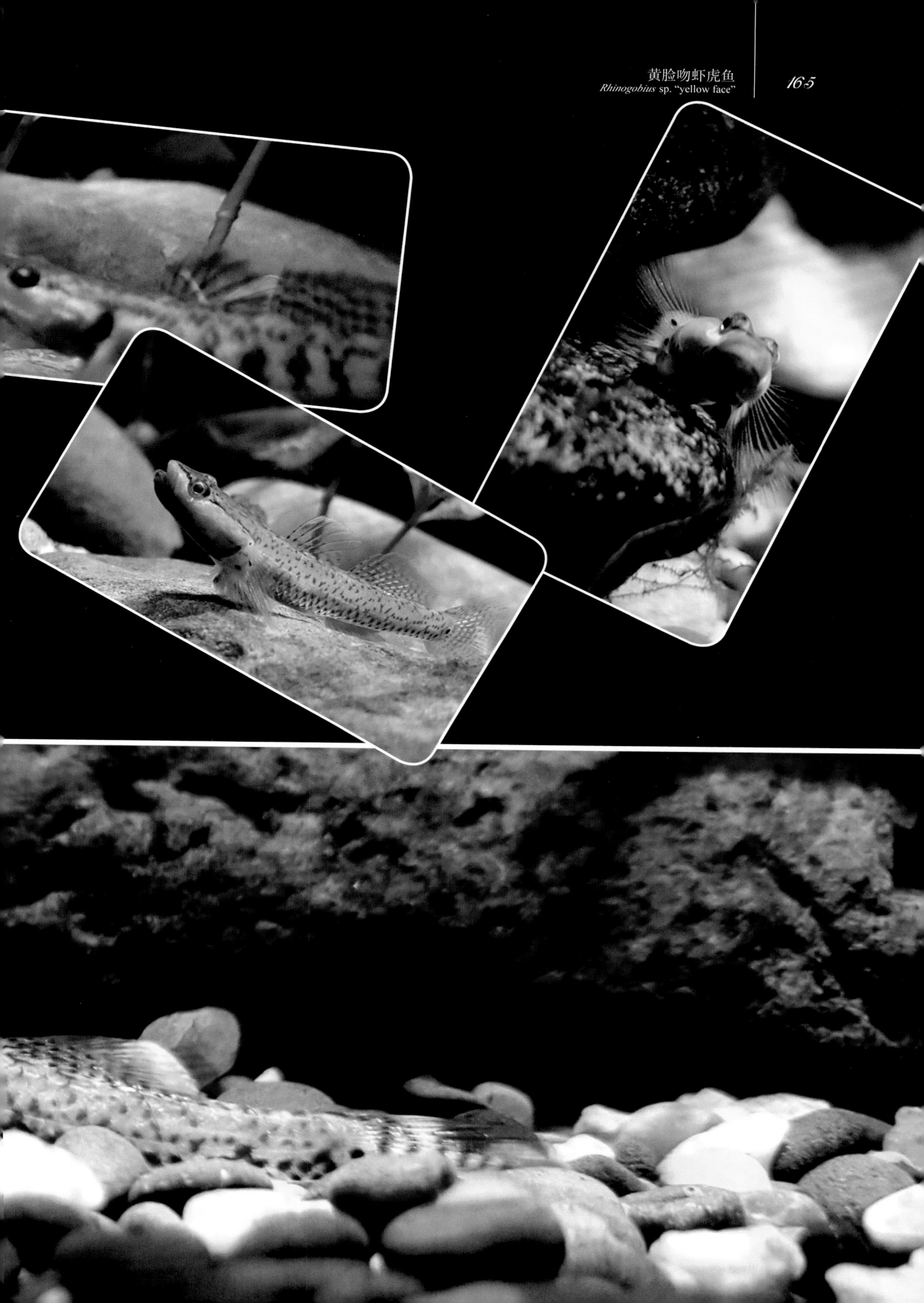

## 雀斑吻虾虎鱼

*Rhinogobius lentiginis*

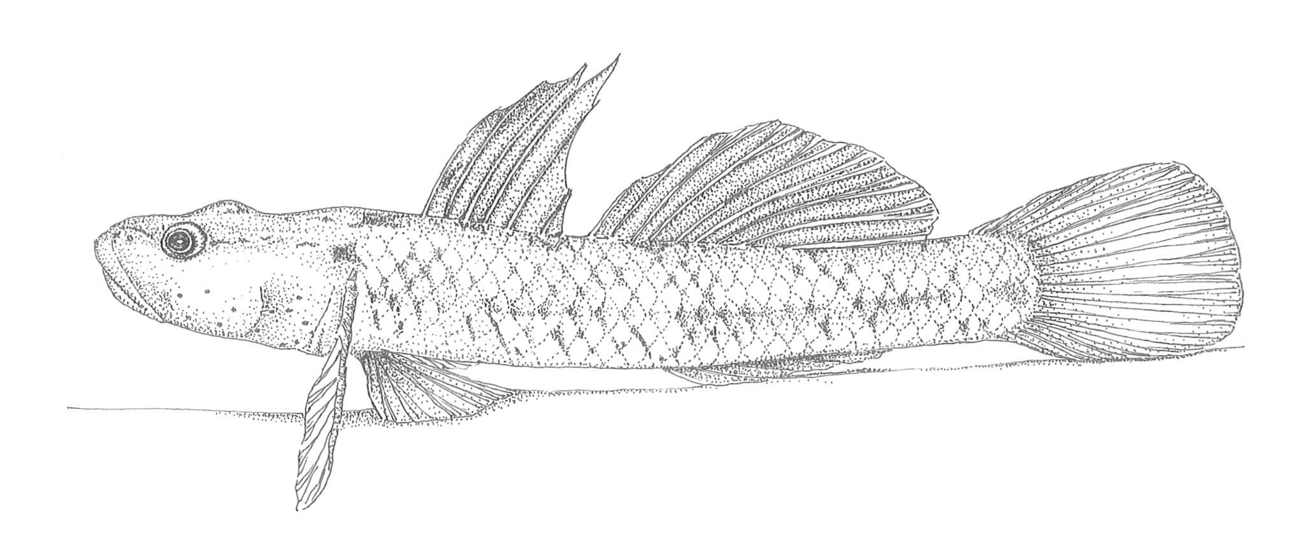

## 生物学特征

个体小，鱼体呈圆筒形，后部侧扁。吻钝，口宽斜裂，尾鳍扇形，第一背鳍高耸，第一至第三鳍棘间的鳍膜上有一蓝色大斑点，颊部及喉部具数十个暗红色斑点，体侧有7~9个略呈长方形的褐色暗斑。

## 野外状况　无危

雀斑吻虾虎鱼分布范围一般，但产地的数量较大，近些年来部分地区的种群受到河流污染、截流枯竭、滥捕等威胁。

## 罕见程度　中

雀斑吻虾虎鱼名气也较大，水族市场上有一定的曝光率。

## 饲养难度　容易

雀斑吻虾虎鱼为有一定环境适应力的小型底栖鱼类，建议饲养在凉爽清洁、溶氧丰富的水质环境中，度夏建议32℃以下，冬季建议15℃以上以预防水霉。杂食偏荤，可以喂食冻血虫或者优质的、腥味大的底栖鱼饲料。

雀斑吻虾虎鱼属于比较温驯平和的种类，有弱攻击性和领域性，饲养密度不建议太高，偶尔会攻击小鱼小虾，混养请注意。

雀斑吻虾虎鱼属于较容易人工繁殖的虾虎鱼之一，根据地域表现有高背鳍的与矮背鳍的，各有特色。

# 丝鳍吻虾虎鱼

*Rhinogobius filamentosus*

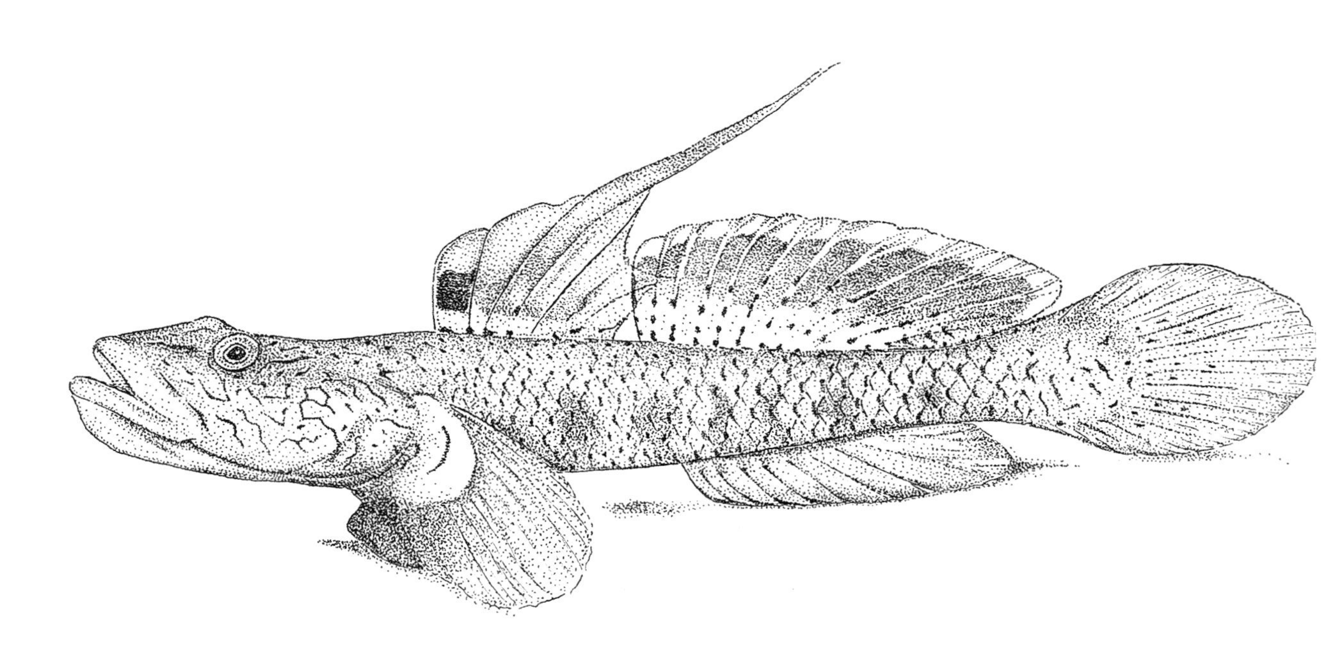

## 生物学特征

体细长，略呈圆筒状，头略扁平，颊部有众多棕红色虫纹花纹，第一背鳍高，基部短，鳍棘柔软，第三及第四鳍棘最长，雄鱼第三及第四鳍棘呈丝状延长，平放时向后伸越第二背鳍基部末端，第二背鳍略高于第一背鳍，后部鳍条较长，平放时伸达尾鳍基。第一背鳍的第一、二鳍棘间的鳍膜上有一蓝色斑点，身体呈棕红色，有6～9个方形暗斑。

## 野外状况　无危

丝鳍吻虾虎鱼分布范围有很强的地域性，但在分布区种群规模不低。

## 罕见程度　低

丝鳍吻虾虎鱼在水族市场上有一定曝光率。

## 饲养难度　一般

丝鳍吻虾虎鱼为有一定环境适应力的小型底栖鱼类，建议饲养在凉爽清洁、溶氧丰富的水质环境中，度夏温度建议在30℃以下，冬季温度建议在15℃以上以预防水霉。杂食偏荤，可以喂食冻红虫或者优质的腥味大的底栖鱼饲料。

丝鳍吻虾虎鱼属于比较温驯平和的种类，有弱攻击性和领域性，饲养密度不建议太高，偶尔会攻击小鱼小虾，混养请注意。

# 溪吻虾虎鱼

*Rhinogobius duospilus*

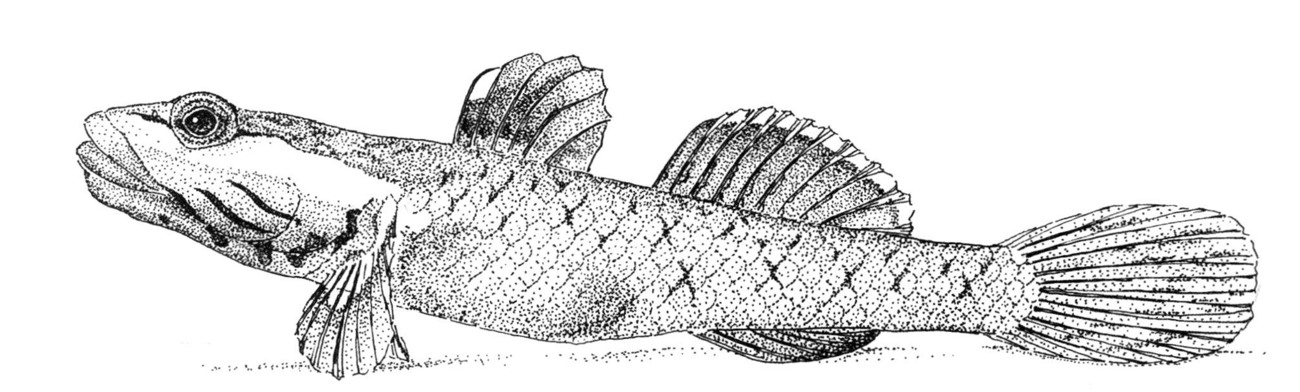

## 生物学特征

个体小，头部极具个性色彩，颊部乳白，有2～3条暗色斜纹，喉部有数条红色斜纹，第一背鳍的第一至第三鳍棘间的鳍膜上有一暗蓝色大斑点，体侧有6个暗色斑块，胸鳍基部有一白色斑块。

## 野外状况　无危

溪吻虾虎鱼分布范围较广，产地数量较大，但近些年来部分地区的种群受到河流污染、截流枯竭、滥捕等威胁。

## 罕见程度　低

溪吻虾虎鱼分布范围较广，种群规模较大，水族市场上有一定曝光率。

## 饲养难度　容易

溪吻虾虎鱼为有一定环境适应力的小型底栖鱼类，建议饲养在凉爽清洁、溶氧丰富的水质环境中，度夏温度建议在32℃以下，冬季温度建议在15℃以上以预防水霉。杂食偏荤，可以喂食冻血虫或者优质的腥味大的底栖鱼饲料。

溪吻虾虎鱼属于比较温驯平和的种类，有弱攻击性和领域性，饲养密度不建议太高，偶尔会攻击小鱼小虾，混养请注意。

溪吻虾虎鱼属于较容易人工繁殖的虾虎鱼之一。

# 湘西吻虾虎鱼

*Rhinogobius* sp. “xiangxi”

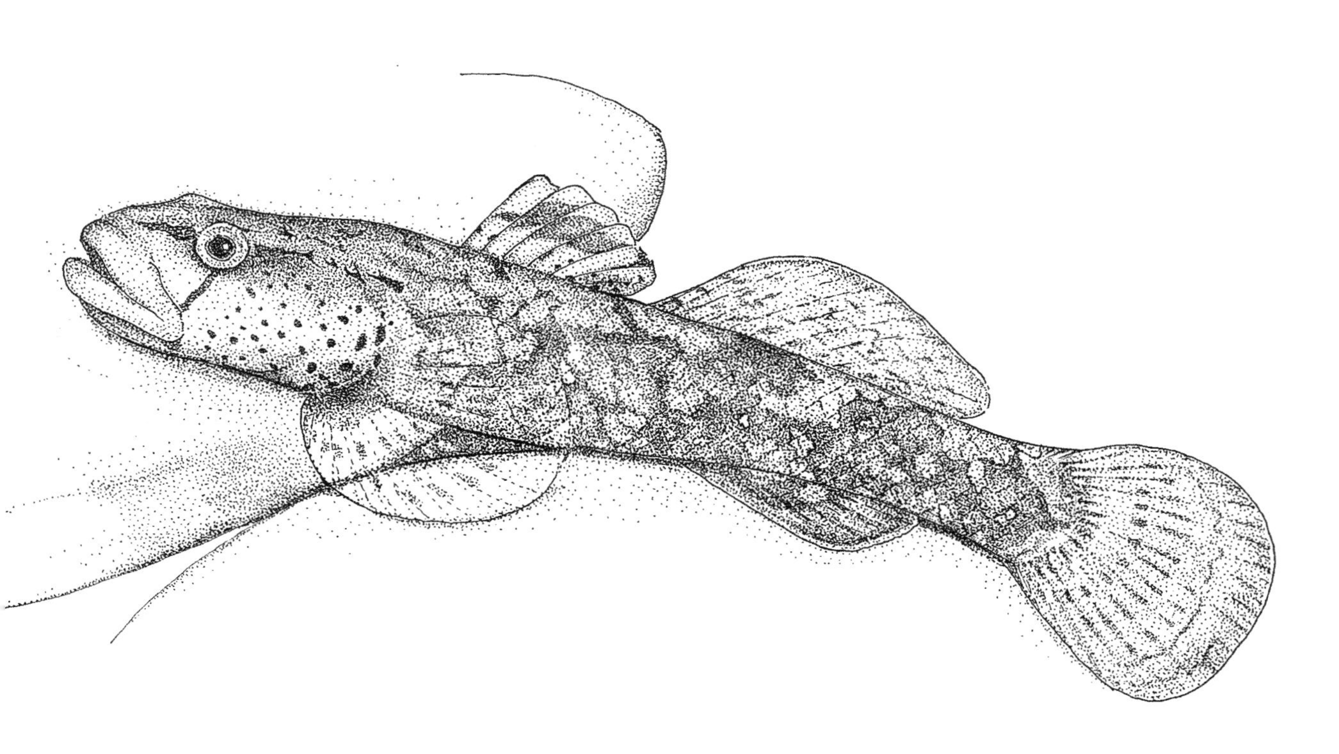

## 生物学特征

个体小，口部宽阔，上下唇呈红色，眼部下方至口角有一暗纹，颊部呈淡蓝色，密布红色斑点，喉部鲜橘红色，体侧呈黑白相间的云纹，第一背鳍的第一、二鳍棘间的鳍膜上有一蓝色斑点，第二至第五鳍棘间的鳍膜呈鲜红色，臀鳍外黑内鲜红，有数个蓝色斑点。

## 野外状况　需要关注

湘西吻虾虎鱼分布范围狭窄，其余不明。

## 罕见程度　中

湘西吻虾虎鱼分布范围狭窄，但水族市场上有一定曝光率。

## 饲养难度　一般

湘西吻虾虎鱼为有一定环境适应力的小型底栖鱼类，建议饲养在凉爽清洁、溶氧丰富的水质环境中，度夏温度建议在32℃以下，冬季温度建议在15℃以上以预防水霉。杂食偏荤，可以喂食冻血虫或者优质的腥味大的底栖鱼饲料。

湘西吻虾虎鱼有一定攻击性以及领域性，饲养密度不建议太高，会攻击小鱼小虾，混养请注意。

湘西吻虾虎鱼属于较容易人工繁殖的虾虎鱼之一。

小光拍摄

# 瑶山吻虾虎鱼

*Rhinogobius yaoshanensis*

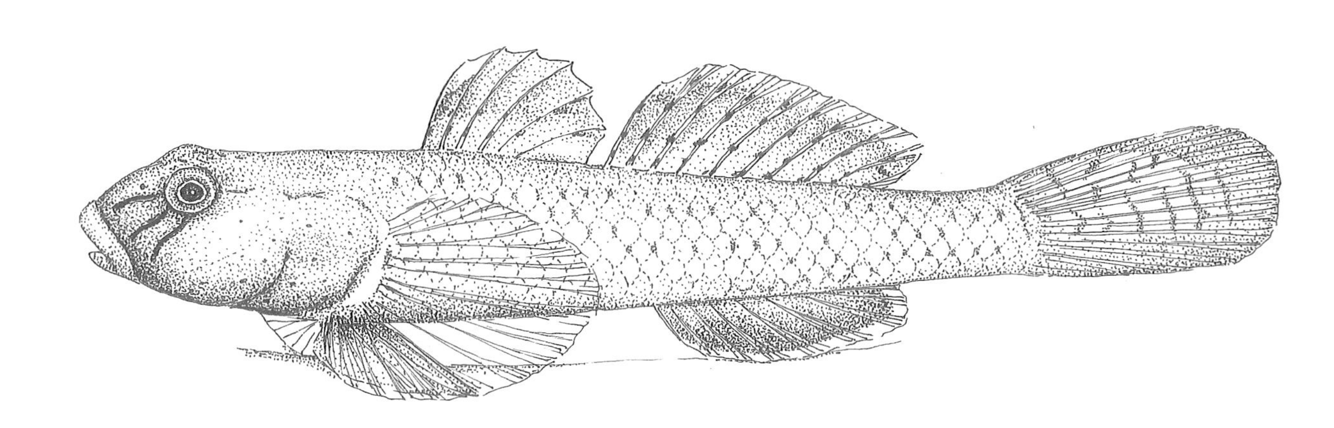

## 生物学特征

鱼体呈圆筒形，后部侧扁。吻钝，口宽斜裂，颊部肌肉发达。尾鳍扇形。眼部下方至口角有平行的两条暗纹，颊部具数十个灰褐色小斑点。胸鳍基部有一宽白带纹路，其余各鳍红褐色，带蓝白色边缘。

## 野外状况　无危

瑶山吻虾虎鱼有很强的地域性，但在分布区其种群规模不低。

## 罕见程度　高

瑶山吻虾虎鱼并不常见于水族市场。

## 饲养难度　稍难

瑶山吻虾虎鱼为较难饲养的吻虾虎种类之一，对水中的废物以及病菌敏感，不精心照顾的话难以长期存活。

饲养用水必须干净清洁，溶氧丰富，且经常换水。度夏建议28℃以下，冬季建议15℃以上以预防水霉。杂食偏荤，可以喂食优质的、腥味大的底栖鱼饲料。

瑶山吻虾虎鱼属于比较温驯平和的种类，攻击性低，但自身抗病性弱，不建议同其他水生物混养。

瑶山吻虾虎鱼根据产地不同，有大型种与小型种之分，大型种群的体长可达10厘米，非常罕见，小型种群较为常见，一般长4~5厘米。

# 周氏吻虾虎鱼

*Rhinogobius zhoui*

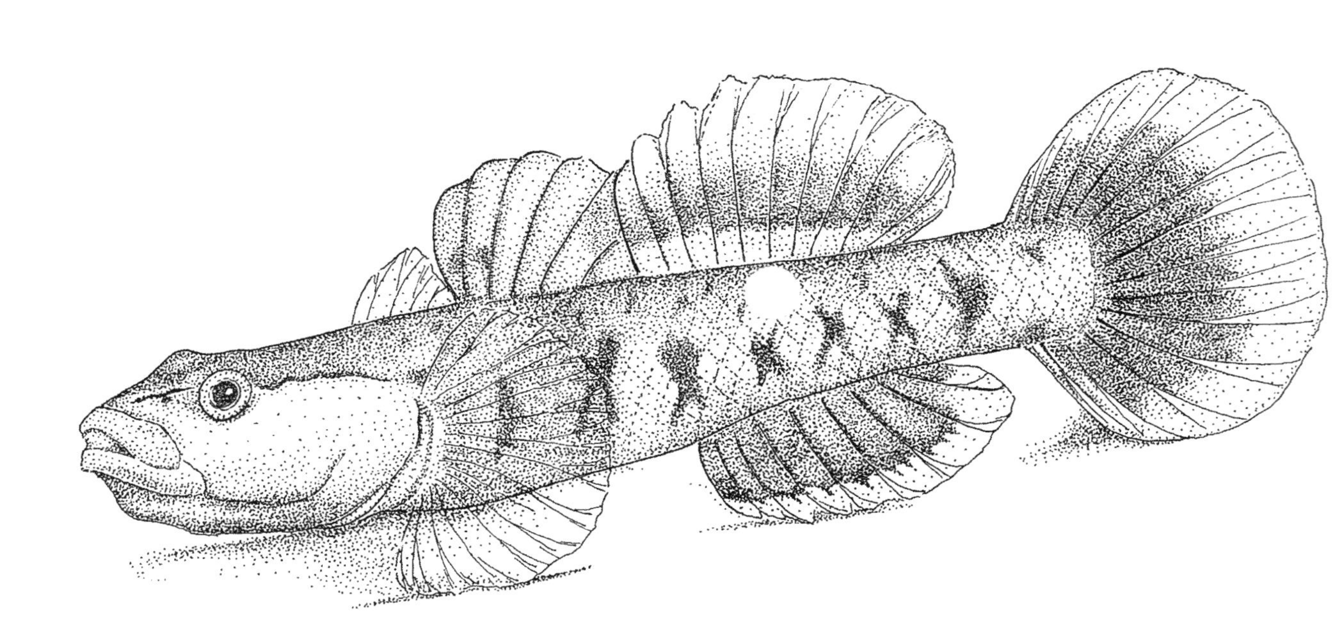

## 生物学特征

个体小，体色鲜艳，成年雄性个体第一背鳍无黑斑，几乎呈全亮蓝色，第二背鳍、臀鳍及尾鳍呈鲜橘红色，具宽大的亮蓝白色边缘，颊部与鳃盖膜呈白色，无斑纹，体侧具6～8个红色斑块。

## 野外状况　近危

受到环境破坏、人为滥捕等威胁，需要对其生存情况进行关注。

## 罕见程度　低

由于人为大量捕捞作为观赏鱼贩卖，水族市场上能见度不低。

## 饲养难度　难

周氏吻虾虎鱼是最难饲养的吻虾虎种类之一，对水中的废物以及病菌敏感，不精心照顾的话难以长期存活。

饲养用水必须清洁、溶氧丰富，推荐饲养在水草泥打底的环境里（弱酸性的环境对抑制对它有害的病菌有一定的帮助）并使用纯净水饲养，且经常换水。度夏温度建议在28℃以下，冬季温度建议在20℃以上以预防水霉。杂食偏荤，可以喂食优质的腥味大的底栖鱼饲料。

周氏吻虾虎鱼属于比较温驯平和的种类，攻击性低，但自身抗病性弱，不建议同其他水生物混养。

# 紫身枝牙虾虎鱼

*Stiphodon atropurpureus*

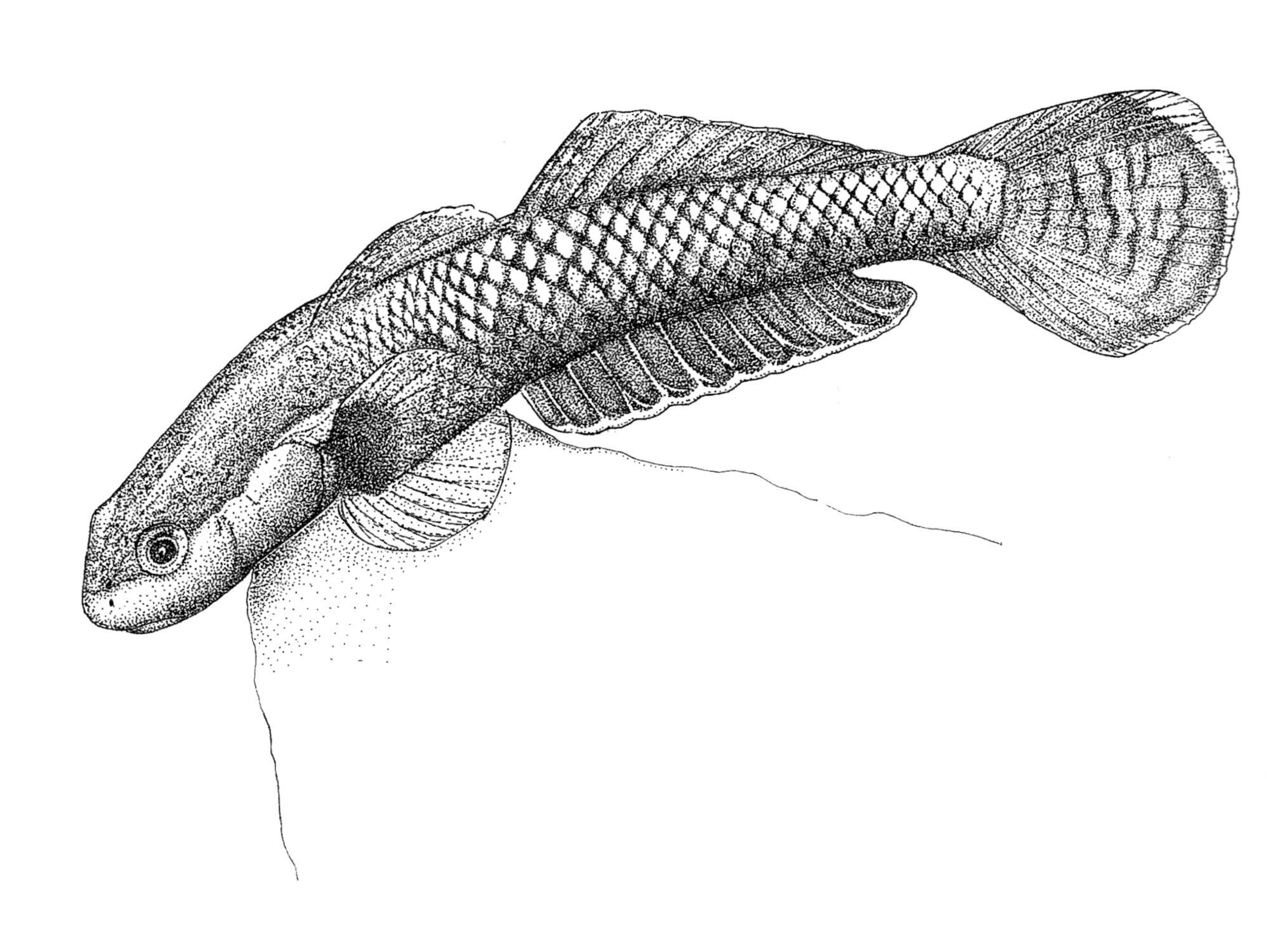

## 生物学特征

体细长，前部呈圆筒状，尾部侧扁，尾柄颇长，其长大于高。头略小，圆钝，头部具5个感觉管孔。成年雄鱼体呈青黑色，体侧上部有一带金属光泽的电光蓝色纵带，自吻部前端延伸到尾鳍基部上方，身体鳞片外缘呈黑色，形成网状格纹；雌鱼体侧背部及中部各有一黑色纵带，自吻部向后伸达尾鳍基。

## 野外状况　濒危

野生种群生活的入海小溪小河，现如今在很多地方都受到人为活动破坏，滥捕使得其生存状况更加不容乐观。

## 罕见程度　中

紫身枝牙虾虎鱼作为一个出名且美丽的物种，一直受到大家的关注。

## 饲养难度　一般

紫身枝牙虾虎鱼是需要凉爽清洁、溶氧丰富水质的小型鱼类，度夏温度建议在30℃以下，冬季温度建议在15℃以上以预防水霉。紫身枝牙虾虎鱼杂食偏素，可以投喂螺旋藻锭片佐以少量冻血虫。

温驯平和的性格使得它成为很好的水族箱混养品种，但要注意同种雄性之间会发生较为激烈的打斗，饲养密度不可过大。

小光拍摄

# 沙塘鳢科Odontobutidae

## 萨氏华黝鱼

*Sineleotris saccharae*

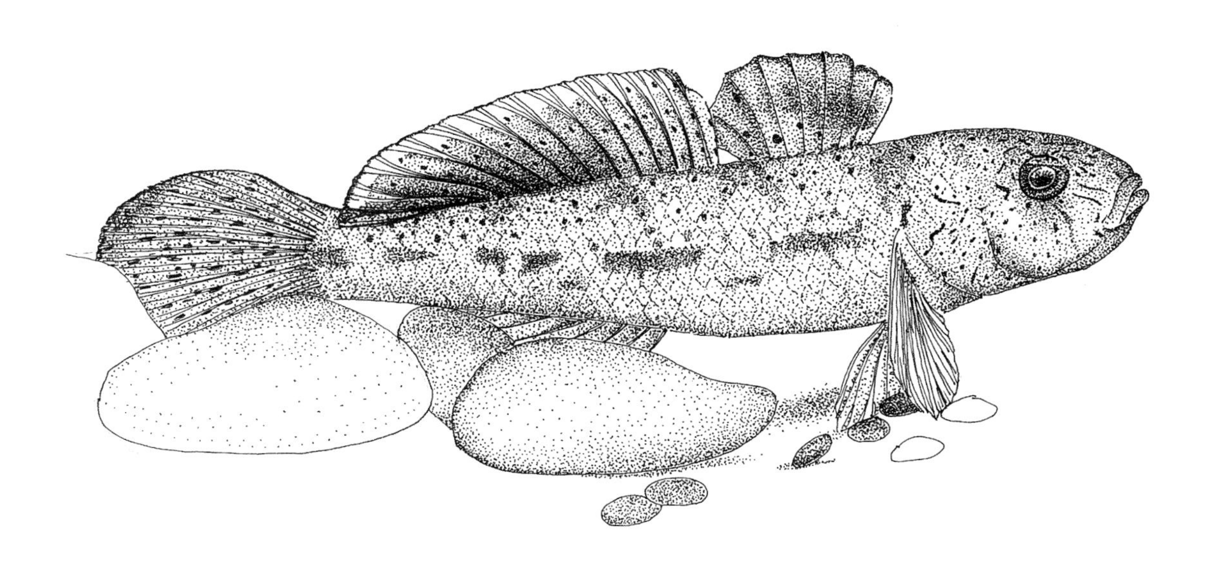

体延长，颇侧扁；背缘浅弧形隆起，腹缘稍平直；尾柄颇长，小于体高。头中大，较尖，甚为侧扁，背部稍隆起。头部具7个感觉管孔。体侧有数条暗色斜带，眼前下方至口角上方有一暗纹，尾鳍有5～6行黑色横纹。

**野外状况** 易危

野生种群生活在清澈的山溪小河之中，对环境有一定要求，部分地区的种群受到河流污染、截流枯竭、滥捕等威胁。

**罕见程度** 中

萨氏华黝鱼分布范围有较强的地域性，在水族市场上也相对少见。

**饲养难度** 稍难

萨氏华黝鱼需要凉爽清洁、溶氧丰富水质的小型鱼类，喜食新鲜荤饵，如冻红虫、水蚯蚓、黑壳虾之类，较难接受人工饲料，饲养请注意此点。

萨氏华黝鱼性情温驯平和，可以与不是太小的鱼虾混养，成年雄性之间会展示夸耀，但较少见到真正的打斗。度夏建议温度30℃以下，冬季建议15℃以上以预防水霉发生。

# 丝足鲈科Osphronemidae

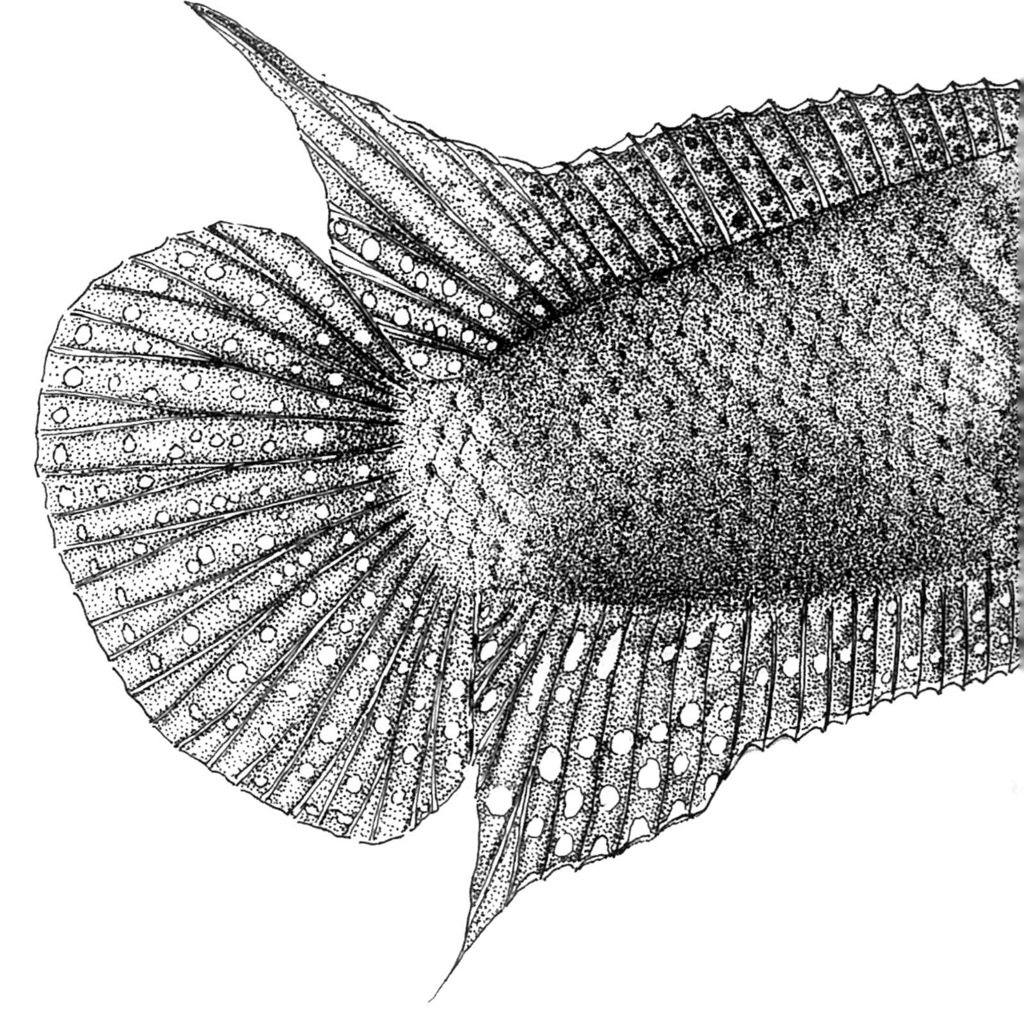

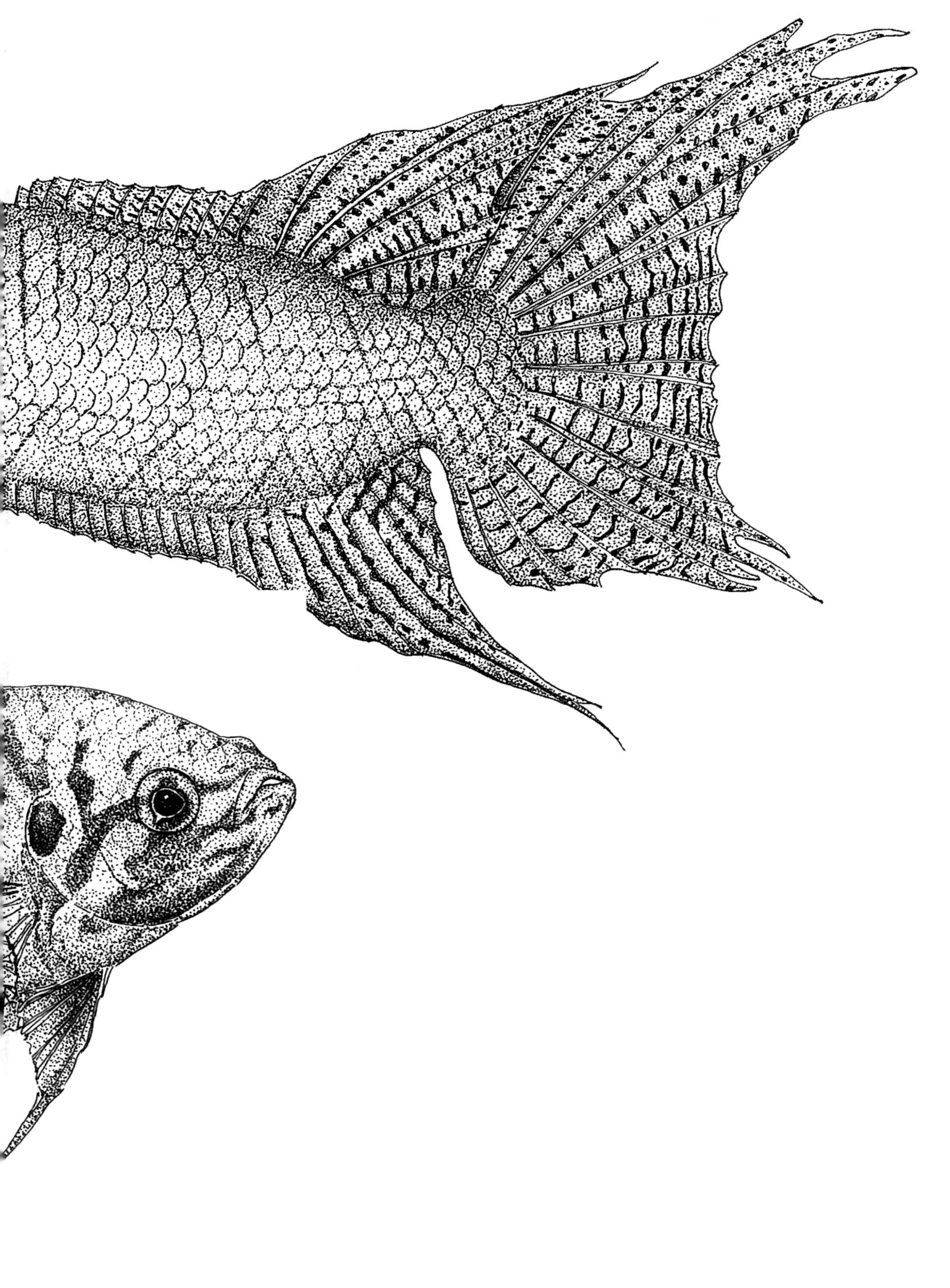

# 圆尾斗鱼

*Macropodus ocellatus*

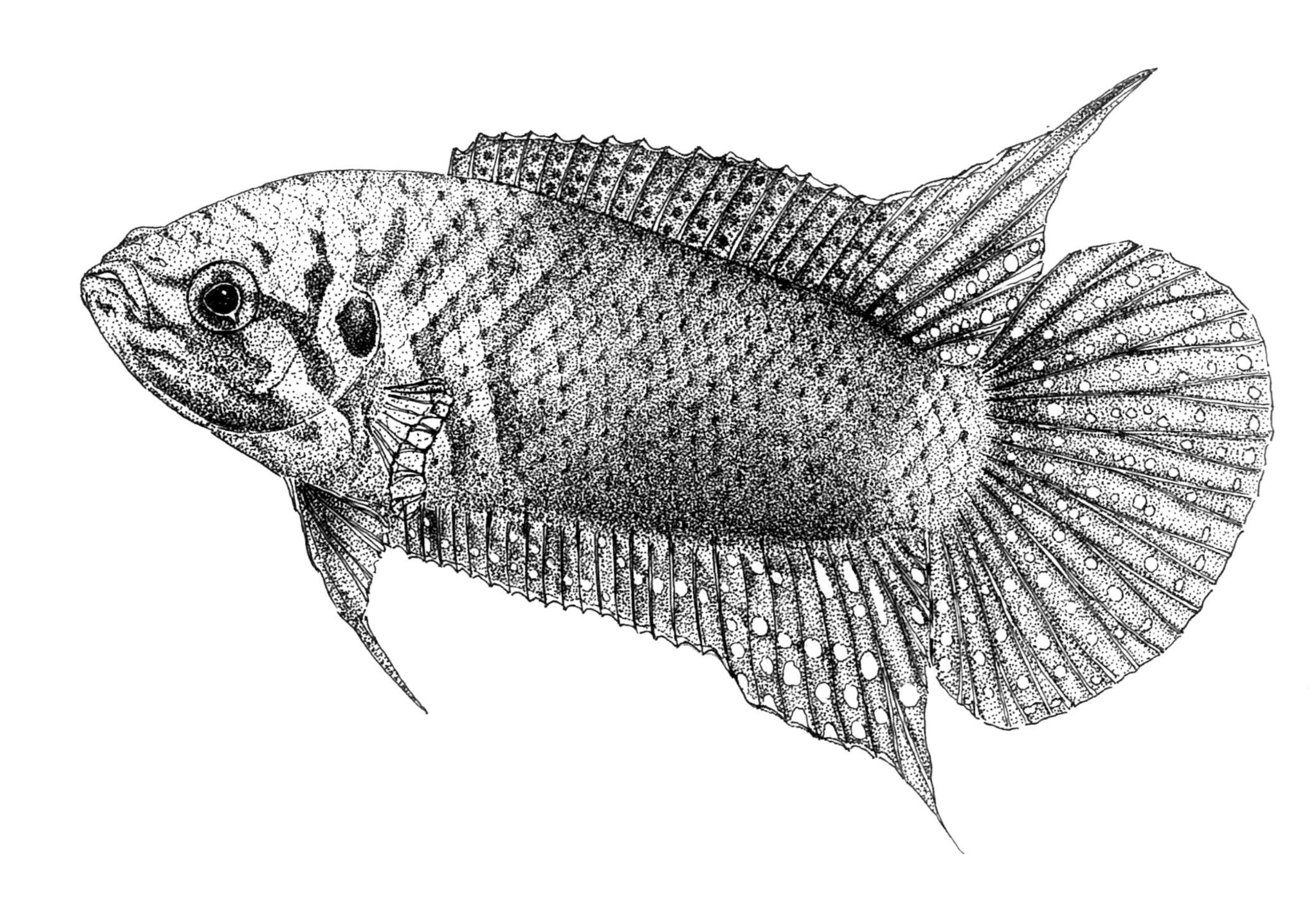

## 生物学特征

体侧扁，呈长椭圆形，前半部带虎纹，后半部棕红色，背腹凸出，略呈浅弧形，鳃盖上有一青蓝色圆形斑点。背鳍一个，起于胸鳍基后上方，后部鳍条较延长，呈棕红色，带许多蓝色斑点。臀鳍与背鳍同形，起点在背鳍第三鳍棘之下。尾鳍扇形，鳍膜间具许多蓝色小斑点。

## 野外状况　需要关注

圆尾斗鱼分布范围广，对环境要求低，但如今在各地城市化改造过程中，其生存的湿地水坑环境被大量破坏，需要对其生存状况进行关注。

## 罕见程度　低

圆尾斗鱼一直在国内斗鱼爱好者的手里进行人工繁殖，各产区花鸟市场的饲料鱼区也时能见到。

## 饲养难度　容易

圆尾斗鱼是抗性很好的小型鱼类，对环境要求不高，喜欢凉爽清洁的静水，夏天温度建议维持在30℃以下。圆尾斗鱼易于人工繁殖，若打算尝试繁殖，推荐25厘米以上方缸饲养一对亲鱼。

杂食性，对各种饵料都能很好的接受，投喂干净的冻血虫搭配人工饲料能使其发色艳丽。

圆尾斗鱼性情好斗，和小型鱼类混养需谨慎，可能会攻击混养鱼类。圆尾斗鱼有跳缸习性，鱼缸一定要加盖。

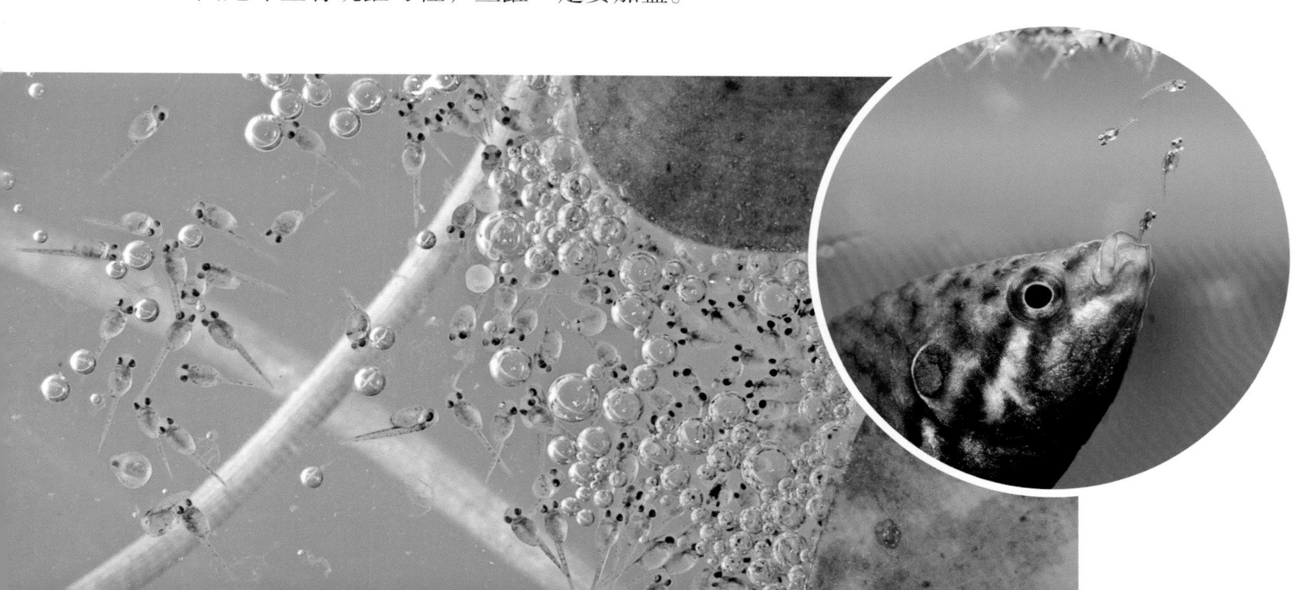

# 香港黑叉尾斗鱼

*Macropodus hongkongensis*

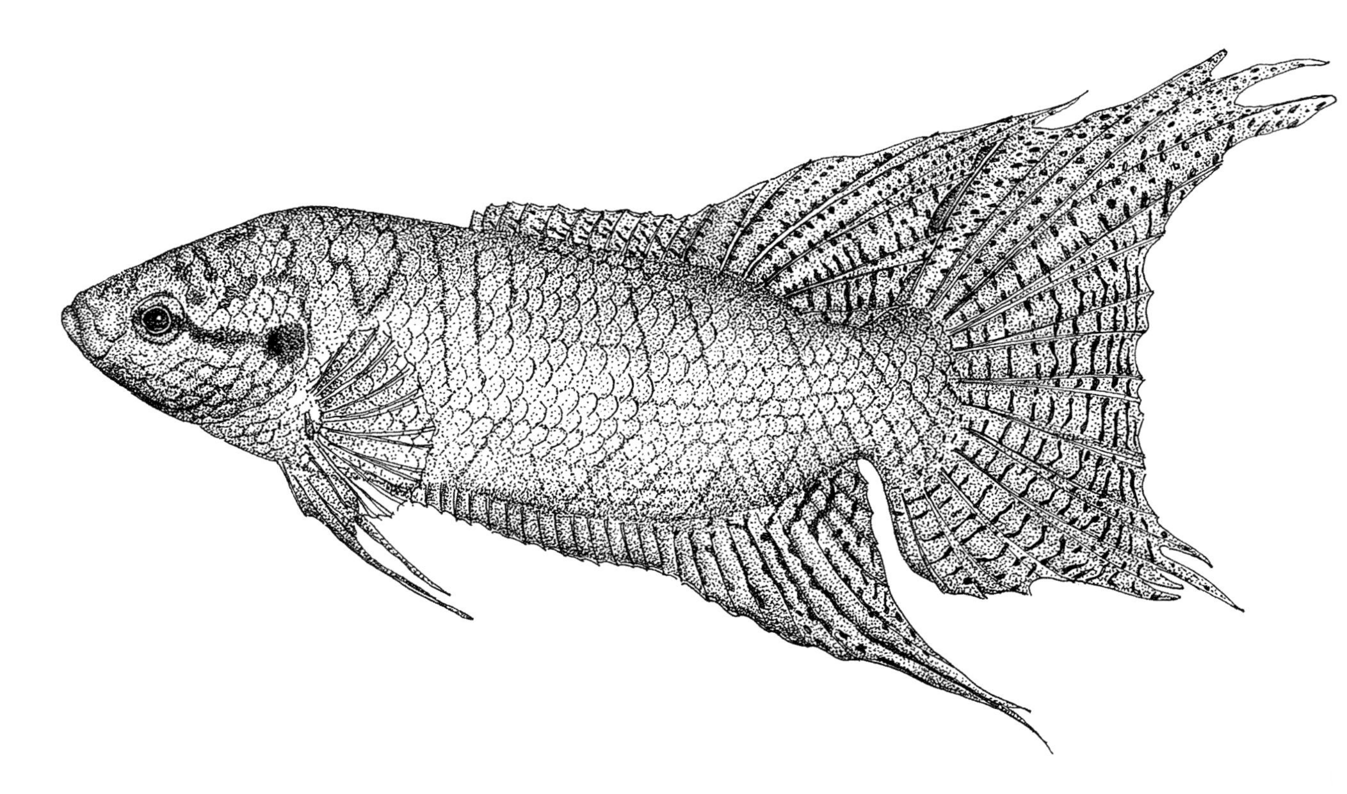

## 生物学特征

体侧扁，呈长椭圆形，棕红黑色，带许多暗色细横纹，背腹凸出，略呈浅弧形，鳃盖上有一暗蓝黑色圆形斑点，背鳍一个，起于胸鳍基后上方，后部鳍条较延长，呈棕红黑色，带黑色斑点。臀鳍与背鳍同形。尾鳍宽阔，上下鳍条延长呈丝状，中间鳍条较短。

## 野外状况　濒危

各产区都受到不同程度的滥捕、环境破坏等影响。

## 罕见程度　中

一直在国内斗鱼爱好者的手里进行人工繁殖，也有流入市场的。

## 饲养难度　容易

香港黑叉尾斗鱼是抗性很好的小型鱼类，对环境要求不高，喜欢温暖清洁的静水，冬天温度建议维持在8℃以上。易于人工繁殖，若打算尝试繁殖，推荐25厘米以上方缸饲养一对亲鱼。

杂食性，对各种饵料都能很好的接受，投喂干净的冻血虫搭配人工饲料能使其发色艳丽。香港黑叉尾斗鱼性情凶猛好斗，不推荐和小型鱼类混养，会攻击混养鱼类。香港黑叉尾斗鱼有跳缸习性，鱼缸一定要加盖。

各产地有不同的基因型和表现型，为了保持种系的基因多样性，不推荐胡乱杂交以及放生。

郑号拍摄

# 鳢科Channidae

## 南鳢

*Channa gachua*

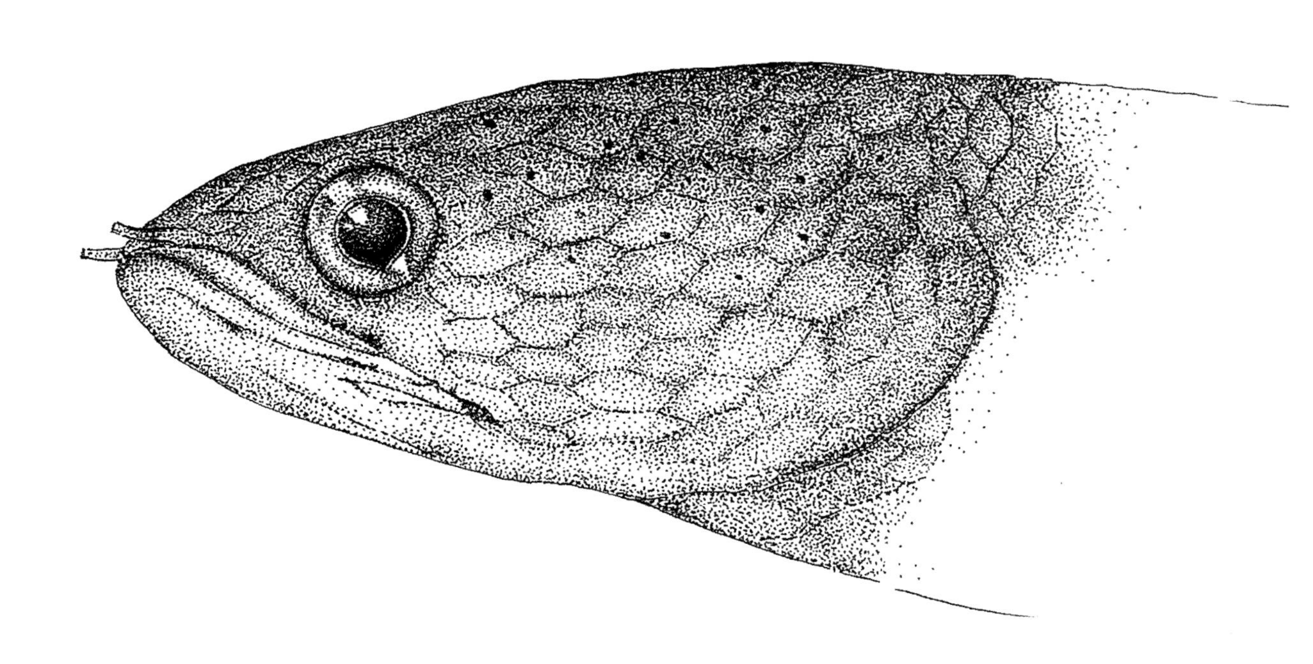

## 生物学特征

头大，极宽扁，其宽大于体宽。体被鳞，头部鳞大，且不规则，鳍颜色鲜艳，雄鱼更是炫丽。背鳍34～37；臀鳍24～25；胸鳍16；腹鳍6。侧线鳞45，3/7。体呈棒状，头部的鳞片比躯干部上的大些，鼻孔有管膜，全身各鳞片上有灰色小斑点。

## 野外状况　无危

南鳢分布较广，种群规模较大。

## 罕见程度　低

南鳢是最适合观赏饲养的国产原生鳢，一直受到大家的关注。

## 饲养难度　容易

南鳢是抗性很好的中小型凶猛鱼类，对环境要求不高，喜欢温暖清洁的静水，建议30厘米方缸饲养一条成体，若打算尝试繁殖，建议60厘米以上缸饲养一对成体。

南鳢喜食各种小鱼虾、昆虫类，经过训练也可以很好地接受大颗粒人工饲料，不建议投喂过多面包虫或者大麦虫，容易造成偏食，且营养不全面。南鳢性情凶猛好斗，不推荐混养，即使是雌雄鱼未经过熟悉阶段也会打起来，繁殖之前要进行“对鱼”，即把雌雄亲鱼放入一个有透明隔离的容器两边，让双方熟悉一段时间，才可放到一起。南鳢有跳缸习性，鱼缸一定要加盖。南鳢是最容易繁殖的鳢科鱼类，对鱼成功的亲鱼很容易交配繁殖成功，为口孵习性，亲鱼会从身上分泌营养物质给初生幼鱼食用，可以把小鱼带到很大。